엄마가 행복해지는
# 우리 아이 뇌 습관

엄마가 행복해지는

# 우리 아이 뇌 습관

초판 1쇄 발행 2018년 9월 10일
개정판 3쇄 발행 2024년 6월 25일

| | |
|---|---|
| 지은이 | 홍양표 |
| 발행인 | 강영란 |
| 사업총괄 | 이진호 |

| | |
|---|---|
| 발행처 | 샘솟는기쁨 |
| 출판등록 | 제 2019-000050 호 |
| 주소 | 서울시 중구 수표로2길 9 예림빌딩 402 (04554) |
| 대표전화 | 02-517-2045 |
| 팩스(주문) | 02-517-5125 |
| 홈페이지 | https://blog.naver.com/feelwithcom |
| 전자우편 | atfeel@hanmail.net |

| | |
|---|---|
| 편집 | 권지연, 이홍림 |
| 마케팅 | 이진호 |
| 디자인 | 꽃피는 청춘 |
| 제작 | 아이캔 |
| 물류 | 신영북스 |

# 엄마가 행복해지는
# 우리 아이 뇌 습관

**홍양표** 지음

VIVI2

# 행복한 아이,
# 행복한 부모 되기

내가 인간의 두뇌 구조에 관심을 가지게 된 건 1990년대 초. 수학 강사로 활발하던 시기에 유아기에 두뇌를 균형있게 발달시키지 않으면 계발할 기회가 없다는 것을 우연히 알게 되었다.

두뇌 연구, 그 과정은 어려웠다. 지금만 해도 공유 지식들이 풍부해졌지만 그때만 해도 두뇌 관련 자료가 많지 않아 외국 원서를 번역하는 데 오래 시간이 걸렸고, 한 쪽에 3만 원 이상 드는 번역비를 감당하기가 만만치 않았다. 공부하고 연구하는 시간이 늘어갈수록 가정 생활은 균형을 잃어 갔다. 아내에게 생활비를 가져다주는 날은 손꼽을 정도였다.

하지만 우뇌 계발 교육에 대한 신념을 더욱 확고해졌고, 이를 확산시키기 위해 전국에 다니면서 강의하게 되었다. 나의 진심과 열정은 그대로 전달되었고, 100여 개의 유치원이 우뇌 계발 교육의 문을 열었다. 이들 유치원에 소속된 1만 명의 아이들만 제대로 교육한다면 향후 이들이 우리나라를 책임질 수 있지 않겠냐는 부푼 희망을 가지게 됐다.

그만큼 고민도 많았다. 학자로서 교육자로서 깊이있게 연구한다는 데 한계를 느끼기도 했다. 어느덧 만 50세가 되었고, 비로소 상황이 급변하기 시작했다. '뇌 교육' 열풍이 불면서 방송과 신문 등에서 '뇌 박사 홍양표'를 찾기 시작한 것이다. 놀라운 변화였다. 나의 지론은 한결 같았다.

"자녀를 글로벌 리더로 양육하고 싶은가? 그렇다면 주입식 교육과 부모가 관장하는 교육 방식에서 벗어나 사회적 책임의식을 강조하는 선한 영향력의 리더가 되도록 양육하십시오."

인간의 좌뇌는 공부를, 우뇌는 감성과 창의성의 역할을 각각 감당한다. 아이의 평생 성격은 대체로 10세 이전에 형성된다. 이 시기를 놓치지 않고 아이의 '두뇌선호도'를 파악해 좌뇌와 우뇌를 균형 있게 발달시키는 게 중요하다.

인간의 뇌는 교육을 받으면 그쪽으로 고정돼 버린다. 아는 뇌, 즉 지식 습득에 치우치게 되면 인성 함양에 어려움이 따른다. 아이들의 성향을 제대로 파악하고 이에 맞춰 두뇌 발전에 도움을 줘야만 올바로 성장할 수 있다.

아이를 잘 키우고 싶다면, 주입식 교육과 부모의 지나친 과잉보호를 없애고 아이가 스스로 사고할 수 있도록 유도·훈련시키는 것이 자녀 양육의 핵심이다. 지식은 있으나 지혜가 없는 아이들이 많다고 지적하고 싶다. 아이가 주변에서 즐겁게 선택하고 행동하고 경험하도록 부모가 지지할 때 달란트가 발견되고 발휘된다.

어느 날, 제자가 초대한 식사 자리에서 다섯 살 아이의 깍듯한 인사말에 놀란 적이 있다. 제자 부부는 엄마 아빠가 수저를 들기 전에 "아빠, 먼저 드세요" 또는 "엄마, 먼저 드세요"라고 하라는 인사말을 아이에게 가르쳤고, 그렇게 반복한 지 석 달이 지나자 아이 스스로 상황에 따라 식사 예절을 갖추더라는 것이다.

아는 뇌는 학습이나 훈련에 따라 결과가 쉽게 드러나는 것과는 달리, 쓰는 뇌는 100일 정도 반복된 훈련이 뒤따라야 만들어진다. 그러므로 교육의 기본인 사람답게 살아가는 법은 가족과 함께 의식주가 있는 가정에서 꾸준히 이루어지는 것이 바람직하다. 아이는 배운 대로 생각하고 행동할 때 행복해진다.

언젠가 수능 당일, 훈훈한 기사를 읽었다. 전남 광주의 한 남학생이 시험고사장에 바래다주고 돌아간 아버지에게 다시 오시라고 한 다음, 고사장 학교 앞에서 큰절을 올린 장면이 SNS에 공개되었다. 이 동영상은 5시간이 채 지나지 않아 3만 건이 넘는 조회수를 보였다. 아들의 행동으로 아버지와 아들의 훈훈한 관계를 충분히 엿볼 수 있었다.

이 기사의 덧글은 칭찬 관련 내용으로 가득했다. '저런 아들 두고 싶다', '부모가 얼마나 잘 키웠으면', '우리 아이도 저렇게 자랐으면', '인성이 좋은 만큼 좋은 직장 얻고 좋은 가정을 이룰 거예요', '학생의 부모님이 부럽네요' 등 아이를 잘 키운 부모를 부러워했다. 모든 부모는 이같이 아이가 바르게 성장하기를 바랄 것이다.

그렇다면 어떻게 해야 할까? 이는 학원이나 유치원에서 이루어지는 것이 아니라 가정이다. 가정은 아이의 인성이 바르게 자리잡는 출

발점이며, 엄마와의 애착 관계에서 좋은 뇌 습관이 만들어진다.

인성이란 '인간다운 생각과 행동'을 말하는데, 이를 소홀히 여기는 경향이 있다. 인성은 누구나 가지고 태어난다거나 어릴 때 사고뭉치라고 해도 철들면 상관없다는 말을 종종 듣기도 했다. 하지만 21세기가 지식 정보화 시대라고 해도 인성교육이 이루어지지 않는다면 다음세대는 어떠할까? 위태로운 사회일 것이다. 인간답지 않은 행동이 난무해서 안전한 생활을 보장받을 수 없다. 믿을 수 없는 사회, 사람이 사람답게 대접받을 수 없는 사회가 되고 말 것이다.

나는 강의가 있을 때마다 인성과 뇌 습관의 관계를 중요하게 다룬다. 뇌 발달 시기에 올바른 인성이 갖추어진다면 다음세대가 더 큰 꿈과 희망을 가질 수 있기 때문이다. 몸의 팔과 다리같이 없어서는 안 되는 인성교육은 10살 이전에 이루어져야 하고, 두정엽이 발달하는 10살 이후에 지식교육이 이루어져야 한다.

지난 25년간 뇌교육 현장에서 뇌 습관이 행복에 미치는 영향에 대해 연구하면서, 임산부의 태교가 뇌교육의 시작이듯이 엄마의 말씨 와 따뜻한 손길이 아이에게 미치는 영향이 가장 크다는 것을 알 수 있었다. 뇌를 아는 엄마의 아이가 행복하다는 공식을 이끌어냈다. 나는 이 책이 행복한 아이의 부모가 되는 공식이 되기를 바란다.

저자 홍양표 박사

차례

# 학부모와 교사에게
# 이 책을 추천합니다!

● 　　　뇌 박사 홍양표 교수님은 극동방송의 대표 프로그램 〈좋은
아침입니다〉 인기 코너 '부모 멘토링'을 진행하고 계십니다. 몇 해 전
개인적으로 홍양표 박사님의 강의를 들으며 '좀 더 젊었을 때 들었다
면 좋았을 텐데' 하다가 이제라도 접하게 된 것에 감사하다고 생각의
전환을 했습니다. 특히 부모의 말씨와 따뜻한 손길이 뇌 발달이 활달
한 유년기 아이에게 미치는 영향이 얼마나 큰지를 설명하는 부분에
선 이에 대해 잘 인지하지 못하고 자녀를 양육했던 과오가 떠올랐습
니다.

　　하나님께서 우리에게 잠시 돌보라고 맡겨주신 우리 자녀들을 믿
음과 지혜로 양육하기 원하시는 분들께 이 책을 강력히 추천합니다.
또한 다음세대를 마주하는 사역을 감당하는 이 땅의 모든 선생님들
께 기쁜 마음으로 추천합니다. 여러분 습관의 변화로 다음세대 우리

아이들이 더욱 건강해지고 행복해질 수 있습니다. 이 귀한 역사가 우리네 삶에 가득하길 간절히 소망합니다!

한기붕_장로, 극동방송 사장


● 　　오랫동안 '두뇌 교육이 뇌 발달에 미치는 영향'을 연구해 오신 홍양표 박사께서 『엄마가 행복해지는 우리 아이 뇌 습관』을 출간하셨습니다. 교육 현장에서 겪은 생생한 실제 사례를 바탕으로 축적해 온 연구지식이 조화롭게 어우러진 이 책은 자녀와 부모를 행복으로 인도할 것입니다.

　　인격은 습관으로부터 비롯되고 습관은 성품을 만들고 좋은 성품이 곧 훌륭한 인격을 이루는 밑바탕이 됩니다. 아이를 어떻게 키워야 할까 고민하는 부모님들에게 이 책이 소중한 지침이 될 것입니다. 자녀 양육에서 정확한 안내서가 필요한 학부모들께 꼭 한번 읽어보시길 권합니다.

김명전_ GOODTV 대표이사


● 　　그동안 홍양표 박사님은 미래의 유아교육 발전에 명쾌한 방향을 제시해 주셨습니다. 탐구 학습과 체험 학습을 통한 창의력 사고력 훈련 방법에 주목하게 되었고, 아이들의 특성에 따른 구체적인 문제 해결책을 적용하면서 교육자로서 학부모와 소통하는 데 큰 도움이 되었습니다. 기쁘게 이 책을 추천합니다.

문송실_ 분당 하은유치원장, 한국몬테소리교육총연합회 이사

● 박사님의 두뇌 습관 강의는 우리 아이들을 변화하게 하고, 학부모들에게도 매우 만족한 내용이었습니다. 4차 산업혁명과 다양성이라는 키워드와 함께 우리 아이들 교육 방향이 재포맷되어야 할 지금 오랜 연구 결과를 통해 알기 쉽게 쓰여진 이 책, 뇌 습관에 관한 자녀교육서에 대한 기대가 큽니다. 실천적인 교육에 힘쓰고자 하는 저로서는 무엇보다 기쁘고 감사합니다. 유아교육 현장에서 교과서처럼 적용하면서 아이들의 행복한 미래를 위한 두뇌 발달을 위해 힘쓰겠습니다.

김영숙_ 예자람어린이집 원장, BGA연구소 연구위원

● 아는 뇌로 세상의 지식만 담으라고 강요해 온 시대를 뒤로 하고, 아는 것보다 쓰는 뇌, 실천하는 뇌로 행복한 아이, 행복한 부모의 삶으로 안내하는 등대지기인 이 책의 출간은 제자로서 더 없이 기쁘고 감사한 일입니다. 유아교육자로서 걷는 발걸음이 박사님을 만나면서 저희 유치원 교사는 물론 아이들과 학부모 모두 행복해졌습니다. 이 책을 통해 더 많은 부모가 행복한 보육의 길을 걸어가리라 기대합니다.

용인순_ 세종유치원장, 행복바이러스 두뇌개발연구소 연구위원

● 미래, 인공지능시대에 가장 중요한 것은 창조성과 상상력이라고 합니다. 사례를 통해 '엄마가 아이의 뇌를 알고 키울 때 아이의 학습 능력이 향상되고 행복하게 성장한다'는 공식을 이끌어 내신 박

사님의 25년간 두뇌 연구에 존경을 표합니다.

경험하고 생각하고 지각하고 기억하고 결정하는 것은 우리의 뇌라고 하는데, 우리의 뇌 속에서 어떤 일이 일어나는지를 알고, 아이의 뇌 습관은 어떻게 도와야 하는지 쉽고 명료하게 알려 주심에 감사드립니다. 시각뉴런의 힘이 아이들의 창조성과 상상력을 도울 수 있는 요소라는 것도 알게 되었습니다. 학부모와 교사들에게 지침서가 되어 주리라는 기대감으로 출간을 축하드립니다. 학부모와 교사들에게 훌륭한 지침서가 되는 이 책을 추천합니다.

하은_ 피카소 마음교육 연구소장

● 홍양표 박사님은 최고의 뇌 교육 전문가입니다. 박사님의 저서들은 저희 유치원 교육 현장에서 부모교육으로 유의미하게 활용되었습니다. 그렇기에 이 책이 얼마나 알찬 내용으로 구성되었는지 짐작할 수 있었습니다. 21세기 뇌 교육의 선두자로 한 길만 걸어온 박사님의 제자로서 자랑스럽습니다.

빠르게 변화하는 미래 교육환경 속에서 필수적인 뇌 교육에 관심을 두고 두뇌교육 영재학 박사 과정에 있는 저로서는 이 책의 출간이 더없이 반갑고 기쁩니다. 아이를 행복하게 양육하고자 하는 독자에게 희망의 길잡이입니다. 이 책이 많은 학부모와 교육자들에게 공유되기를 바랍니다.

신애_ 유치원장, 한국심리상담연구소 부모교육 강사

교육은 미래를 상상할 수 있게 합니다.
일상에서 상상의 즐거움이 주어진다면 아이는 배우고
익히려고 할 것입니다.
특히 놀이학습이 효과적으로 건강한 뇌 습관을 만듭니다.

# PART 1

# 행복한 경험이
# 필요합니다

# 아이의 눈에
# 어떤 엄마일까?

인간은 스스로 판단하고 사고하기까지 10여 년이 걸린다. 동물의 뇌는 1년간 발달하는 것에 비해 인간의 뇌는 10여 년간 발달하면서 학습이나 경험, 환경 등의 영향을 받으며 어떻게 살 것인지 결정한다.

이 시기에 뇌교육은 중요하다. 그동안 우리 사회는 수직적 사고로 학습이나 훈련을 통해 공부 잘하는 아이가 성공적인 삶을 살아간다고 믿었다. 하지만 다양성의 시대, 융복합적인 사고력이 요구하는 4차 산업혁명 시대인 지금, 공부 잘하는 아이가 성공적인 삶의 단초라고 생각하지 않는다. 그렇더라도 행복하지 않기 때문이다. 유년기 아이를 둔 Z세대 학부모들은 더 이상 성공지상주의에 머물러 있지도 않다.

그런데 사람답게 살아가는 뇌 발달 시기에 만약에 늑대 무리에서 성장했다면 가정해보자. 오래 전에 TV 다큐 프로그램에서 방영된 사례를 살펴보기로 한다.

알코올중독자 엄마의 세 살짜리 여자아이가 어쩌다가 들개 무리 들 속에서 생활하게 되었다. 아이는 열 살에 구조되었는데, 구조 직 후 아이 행동은 들개와 다름없었다. 음식을 먹을 때는 혀로 핥았고 네 발로 걸었으며 개같이 으르렁거렸다.

그 후 8년간 사람답게 살아가는 법을 익혔다. 갓난아이가 걸음마 를 배우듯 걷는 연습을 했으며, 도구를 사용하도록 가르쳤다. 으르렁 거리면서 의사를 표현하더니 듣고 말하면서 글을 쓰고 읽을 수 있게 되었다. 사람답게 살아가는 법을 배운 것이다. 하지만 가정에서 가족 들과 지내면서 자연스럽게 익히지 못한 아이는 사소한 습관까지 공 부하고 훈련했어야 했다.

그렇게 8년간 지속적인 훈련이 이루어지자 직립보행을 하게 되었 고, 어눌하더라도 말하고 글을 쓰면서 사람들과 소통할 수 있었다. 그후 10년이 흘러서 18살이 되었을 때 비로소 사람답게 살아가게 되 었으나 지능은 6살 수준이었다.

또 9살 남자아이의 사례이다. 3살까지 할머니의 손에서 큰 아이 는 늑대 무리에서 생존하다가 5살 무렵에 구조되었다. 아이 행동 역 시 늑대 같았다. 2년 가까이 늑대 무리에서 성장했다고 추정했는데 한낮에 책상 밑 어둠컴컴한 곳에 숨어 있으려고 했고, 누군가 다가가 면 사납게 달려들 기세였다. 요리된 음식보다 날고기를 좋아했다.

이 아이가 사람답게 살아가도록 교육하고 훈련한 지 4년 째 되자 여느 아이들과 다름없이 말하고 행동했다. 한 가정에 입양된 후에도 잘 지냈으며 공부도 열심히 하면서 식구들과 별 탈 없이 살아갔다.

다행히 가정이나 학교에서 어떠한 문제도 드러나지 않았으며, 늑대의 습성을 찾아볼 수 없었다.

두 사례를 비교하면, 여자아이는 3살부터 10세까지 6~7년간 들개 무리에서 지내다가 8년간 교육을 받았지만, 지능은 6~7세 수준에 머물렀고 들개의 습성에서 온전히 벗어나지 못했다.

누구나 뇌 발달 시기의 습관을 바꾸기 어렵다. 그래서 3살 버릇 여든까지 간다는 속담이 있지 않은가. 반면에 2~3년간 늑대 무리에 있었지만 5살에 구조된 남자아이는 사람답게 살아가는 데 어려움이 없었다.

행동은 교육으로 바뀌는 것이 아니라 시각뉴런에 의해 바뀐다는 사실을 알아야 한다. 실험 결과에 따르면, 시각뉴런은 원숭이 앞에서 실험자가 오른손으로 물건을 만지작거리면 반대쪽의 왼쪽 뇌 에너지가 활성화되는데, 이것을 보고 있던 원숭이 뇌도 같은 작용이 발생한다는 것이다.

이를 시각뉴런이라고 하는데, 사람은 특히 시각뉴런이 강하게 작용한다. 눈으로 본대로 행동하고 들은 대로 말한다는 것이 바로 이 시각뉴런 때문이다.

어릴 적, 시골 마을에 아버지가 술에 취하면 엄마를 심하게 때리는 집이 있었다. 아들이 이 광경을 보면서 성장했고, 아버지를 닮았다는 소리를 들을 만큼 폭력적이었다. 결국 아버지 같은 뇌가 만들어진다. 그래서 결혼하면 아들도 아내를 구타하게 되고, 딸이 엄마가 맞는 것을 보면서 성장했다면, 엄마의 고통을 그대로 느끼면서 남성 혐오 같은 부정적 심리를 갖게 된다.

교육은 이렇게 부모가 자식에게 어떤 모습을 보이는지가 중요하다. 설령 책이 많고 장난감이 많다고 해도 아이에게는 부모의 행동만큼 영향을 주지 않는다.

그래서 들개 무리에서 산 아이는 들개처럼 행동하고, 늑대 무리에서 산 아이는 늑대처럼 행동하는 것이다. 만약 그렇다면 우리 부부는 아이에게 어떤 모습을 보이고 있는지, 나는 아이에게 어떤 엄마로 행동하고 있는지 생각해 보아야 한다.

## 들으면 말하고
## 읽으면 쓴다

뇌 발달 시기의 습관은 바뀌기 어렵다. 늑대 무리의 남자아이는 뇌 발달이 다 이루어지기 전인 5살에 구조되어 사람답게 살 수 있었으나 들개 무리에서 구조된 여자아이는 뇌 발달이 이루어진 10살이 지나 구조되어 온전하게 사람답게 살지 못했다.

그렇다면 늑대 같은 엄마 아빠의 아이는 어떠할까? 사례에서도 알 수 있듯이 늑대 같은 아이이지 않겠는가. 그들은 대부분 자신이 늑대 같고 들개 같은 엄마라고 생각하지 않는다.

설령 폭력 가정에서 강압적인 양육을 하면서도 아이를 사랑하기 때문이라고 말한다. 아이를 위해 최선을 다했으며, 늑대 부모라는 것을 인정하지 않는다. 그뿐만 아니라 인성은 가정에서 만들어지는 것이 아니라 유치원에서 이루어져야 한다고 항변한다.

늑대 같은 부모의 아이가 아무리 양 같은 교육을 받았다고 해서 양이 되지는 않는다. 결국 늑대 부모의 아이는 늑대 같은 행동을 하는 것이 교육의 이치다.

인사할 때는 깍듯하게 배꼽인사를 하라고 가르치고, 어른에게는 반드시 존댓말을 사용하라고 해도 가정에서 교육이 연계되지 않는다면 아이는 쉽게 잊어버린다. 공공장소에서 질서를 지켜야 한다고 강조해도 엄마가 함부로 행동한다면 아이의 교육은 이루어지기 어렵다.

들개들이 아이에게 '너, 들개처럼 밥 먹고 들개처럼 짖어'라고 가르쳤을 리 만무하다. 그런데 아이는 왜 들개처럼 행동할까?

아이는 시각과 청각이 뇌의 많은 부분을 차지한다. 3살 아이가 한국에서 태어났다면 어떠한 교육을 받지 않아도 한국어를 잘하지만 1년 만에 한국을 떠나 미국에서 살게 되었다면 영어로 말한다. 그러므로 1년간 들개 무리에서 살았다면 들개처럼 짖을 수밖에 없다. 개처럼 말하는 것이다.

인간의 언어 구조는 '들으면 말하고 읽으면 쓴다'의 순서여서 아이

엄마가 행복해지는 우리 아이 뇌 습관

에게도 그대로 적용된다. 엄마의 습관이나 말투를 닮는 것도 들으면 들은 대로 배우기 때문이다.

아이는 어른의 식사 습관을 따라한다. 들개 무리에서 생존하면서 들개들이 먹는 습성대로 따라한 것이지 따로 배운 것이 아니다. 그러므로 엄마 아빠의 습관이 교육의 시작이다. 엄마가 아무리 "너는 시집가서 나처럼 살지 말라"라고 해도 닮게 마련이듯이 교육의 근본은 가정에서 이루어진다.

아파트 엘리베이터에서 열림 버튼을 누르고 기다려보자고 하면, 아이 반응은 어떠한가?

"엄마, 왜 우리가 기다려야 하죠?"

"안 돼, 엄마. 나 지금 빨리 학원에 가야 한다구."

그런데 3개월 이상 엘리베이터를 탈 때 다음 사람을 위해 열림 버튼을 누르고 기다린다면 아이는 엄마의 행동 그대로 따라한다. 그래서 엄마가 1% 바뀌면 아이가 100% 바뀐다. 교육은 말로만 하는 것이 아니라 행동이 뒤따라야 하고, 아이 뇌에 사진처럼 찍힐 때(카메라 현상) 교육이 이루어졌다고 할 수 있다. 엄마 아빠의 어떤 장면이 아이 뇌에 찍혔을까?

# 긍정의 힘,
# 안아주기

중학교 1학년 딸아이의 상담을 요청한 엄마는 딸이 왜 그러는지 이유를 알고 싶다고 했다. 엄마와 눈도 마주치려고 하지 않을 정도로 모녀 관계는 극도로 어긋나 있었다. 대화를 시도해도 결국 싸우게 되었다고 한다. 시간이 지날수록 점점 더 악화되었고, 이를 심각하다고 판단한 엄마는 딸의 두뇌검사를 해야겠다고 마음먹었다.

나는 두뇌검사 결과를 가지고 상담하다가 엄마와 딸에게 마주보라고 했다. 그들은 마지못해 마주보았는데, 서로 꼭 안아주라고 하자 엄마의 반응이 뜻밖이었다.

"아, 그렇게 못하겠습니다."

그만큼 딸에게 받은 상처가 컸다는 것을 의미했다. 그도 그럴 것이 예쁜 짓만 하고 고분고분하던 아이가 사춘기에 접어들면서 말끝마다 꼬박꼬박 말대꾸를 일삼고, 엄마에게 언어 폭력도 서슴치 않았다는 것이다.

"그 상처를 환산하면 몇 점일까요?"

엄마는 감정을 추스리지 못한 채 말했다.

"100점에 90은 될 겁니다."

이번에 딸에게 물었다. 아이는 거침없이 "100점입니다"라고 했다. 이러한 딸의 반응에 엄마는 당황스럽기만 하다. 모녀 상담 사례의 대부분은 이와 유사한 과정이라는 것이 더 놀랍다.

나는 한 번 더 안아주라고 했다. 왼손을 등쪽에 오른 손을 허리 쪽에서 꼭 껴안으라고 했으나 여전히 망설이는 모녀를 그대로 두고 잠시 자리를 떠났다. 오 분 쯤 지났을까. 모녀는 서로 끌어안은 채 서럽게 울고 있었다. 얼굴이 눈물범벅이었다. 이제 더 이상 상담할 필요가 없었다.

나는 엄마에게 부탁했다. 딸이 학교에 가거나 또 집에 돌아왔을 때 따뜻하게 껴안아주라는 것이다. 그리고 그 다음 주 상담일에 모녀를 다시 만났을 때 언제 그토록 사이가 나빴냐는 듯이 다정한 모습이었다. 부모자식간의 불화는 스킨십으로도 효과적이라는 반증이었다.

스킨십 효과를 확인할 수 있는 기적이 일어났다. 해외 사례인데, 산모가 출산 후 코마 상태에 빠져서 의학적으로 소생 가능성이 없었다. 병원 측은 안타까운 마음으로 의식이 없는 산모의 가슴에 아기를 안겼는데 놀라운 일이 벌어졌다. 엄마의 의식이 돌아온 것이다.

이러한 기적이 아니어도 우리는 행복하거나 기쁠 때 서로 얼싸안는다. 극도의 슬픔에 빠졌을 때도 서로 안아준다. 아무 말을 하지 않고 안기만 해도 서로의 감정이 전해지는 것이다. 아이가 사랑스러울수록 자주 안아주듯이, 아이가 지나치게 잘못했을 때도 안아주기를 바란다. 특히 말썽꾸러기일수록 안아주는 것이 효과적이다.

교사 연수나 유치원장 연수에서 안아주는 시간이 있다. 심장 소리가 들릴 만큼 조용한 가운데 서로 안고 나면 잠시 후 흐느낀다. 아이들에게 부끄러웠던 모습을 떠올리고, 원장과 교사 사이의 좋지 않았던 억누른 감정들도 울음으로 터져나온다.

이처럼 안기만 했는데도 마음이 부드러워지고 따뜻해지는 경험을 한다. 그래서 미처 표현하지 못한 불편한 감정들을 표현할 수 있다.

우뇌가 발달한 한국인은 스킨십을 좋아한다고 한다. 그런데 20년이 더 지난 일이지만 미국 여행 중에 아이들이 예쁘다고 머리를 쓰다듬거나 볼을 만지면 안 된다는 가이드의 조언에 의아해하던 시절이 있었다. 당시 한국 사회는 아이들에 대해 스킨십이 관대했었다.

어느덧 과거의 미국처럼 이웃집 아이라고 해도 불쑥 안아주기가 조심스러운 사회가 되었다. 아무리 가까운 사제지간이라고 해도 오해받을 수 있는 불편한 세상이다.

하지만 부모자식간의 스킨십은 언제나 자연스럽다. 엄마가 아이와 눈을 마주치면서 안아주는 것은 매우 교육적이다. 아빠가 안아주면서 등을 토닥이면 자존감이 높아진다는 통계도 있다. 아이의 눈빛이 유난히 밝고 맑은 아이는 대개 엄마와의 애착이 잘 형성되어 있었다,

부부 스킨십은 더 효과적이다. 부부힐링 프로그램에서 엄마는 아이에게 잔소리하지 말고, 아내는 퇴근하는 남편을 반갑게 안아주라는 숙제를 내주었다.

잔소리는 필수라는 둥 남편을 왜 안아주냐는 둥 생각만 해도 오

글거린다는 둥 우스갯소리를 하면서 숙제를 못하겠다고도 했지만 결과는 대만족이었다. 마지못해 실천했더라도 숙제를 통해 아이에 대해 긍정의 힘이 얼마나 큰지 남편과 아내가 서로 안아준다는 것이 얼마나 사랑스러운 일인지 모두들 공감했다.

"남편에게 이런 애틋한 감정을 다시 느낄 줄 몰랐습니다."

"예전의 남편이 아닙니다. 얼마나 자상해졌는지요."

"집안일에 아예 관심이 없었는데 설거지도 한답니다."

아내가 남편을 단지 안아주기만 했을 뿐인데 관계가 바뀔 수 있다.

## 서열이 주는
# 안정감

엄마의 한마디 말에 행동하는 아이가 있는가 하면, 친구 엄마 말에는 즉시 순응하면서 엄마 말이라면 무조건 반항하는 아이가 있다. 후자의 행동은 엄마보다 서열이 높다는 잠재의식에서 비롯된다.

특히 늦둥이 경우 애지중지하다가 버릇없이 키웠다는 엄마의 푸념을 듣는다. 아이의 요구를 들어주기만 하면 서열은 바뀌기 마련이다. 아이가 어른인 셈이다. 아들과 아빠, 엄마와 딸의 서열이 거꾸로 되었다면 어떠할까? 아이는 망나니일 것이다. '망나니'는 원래 뜻과는 달리 '부모에게 함부로 하는 아이'로 해석한다.

갓난아이 때부터 울거나 떼를 쓰면 안아주고 얼러주고, 유년기가 되어도 욕구대로 맞춰주었다면 문제 엄마 문제 부모이다. 내 아이가 우는 꼴을 볼 수 없다며, 기를 살려줘야 잘 산다면서 아이가 하자는 대로 했으니 망나니가 되는 것은 당연하다.

아이를 사랑해서 그렇다고 하지 말라. 사랑한다는 이유로 어떤 교육도 하지 않았다면 아이는 제멋대로 행동할 수밖에 없다. 이미 뇌 습관이 그렇게 되었기 때문이다. 문제 엄마에게 문제 아이가 있다.


아이에게 주양육자로서 권위가 있어야 한다. 양육의 기준이 엄중하고 또한 따뜻하게 훈육이 이루어질 때 서열이 권위가 되고 효과적인 교육이 이루어진다.

말하기와 듣기가 가능한 유아기에 가르쳐야 한다. 반드시 해야 할 것과 해서는 안 되는 것을 구별하게 하고, 맥락있게 이해하도록 설명이 필요하다. 그래야 양육에 따라 생각하는 대로 행동하는 아이로 성장한다.

아이는 낯선 환경에서 울거나 떼를 쓴다. 평소와는 다른 아이의 행동에 어찌할 바를 몰라 엄마는 난감하기만 하다. 모처럼 초대된 자리의 어른들 앞이라면 더욱 창피하다. 만약 길거리에서 막무가내로 발버둥치며 땡깡부린다면 어떻게 해야 한단 말인가? 아이 비위를 맞추기 급급하고, 그 자리를 벗어나고만 싶을 것이다.

이럴 때 부모의 서열이 흔들린다. 길거리이든 결혼식장이든 지혜롭게 훈육의 기본을 지킬 때 아이에게 엄마의 권위가 유지된다. 그때 그때 훈육 방식이 다르고, 환경에 따라 쩔쩔매는 장면은 아이 뇌에 저장되기 때문이다. 아이가 같은 행동을 반복한다면, 길거리에서 자주 땡깡을 부린다면 엄마의 양육 기준이 흔들렸다는 얘기이다.

그러므로 양육의 기준은 언제 어디서나 동일해야 한다. 확고한 표정과 목소리도 중요하다. 눈빛도 일관성 있게 훈육 태도를 고수해야 한다. 아이에게 서열의 순서가 바뀐다면 교육의 역효과가 나타나고 학령기에 예기치 못한 문제로 드러나기도 해서 곤욕스럽게 한다.

흔들림 없는 양육 기준이 유지될 때 아이는 떼를 쓰지 않는다. 엄마의 가르침을 신뢰하고 엄마 말에 순종한다. 욕구를 표현할 때 땡깡을 부리면 안 된다는 것을 인식한다. 엄마의 말에 순종하면서 아이는 안정감을 느끼고 의사 표현을 정확히 전달하면서 행복해진다. 이는 신뢰받은 아이와 신뢰받는 엄마의 관계에서 비롯된다.


개는 본능에 충실하고 주인에게 복종한다. 그러나 개의 세계에 예의가 있을 리 없다. 예의 없는 사람을 '개 같은 놈'이라고 하지 않던가. 결코 서열이 높은지 낮은지 분별하지 못하는 개는 누군가 두려워서 도망치면 단박에 서열이 높은 줄 알고 공격적으로 달려들면서 으르렁거린다.

그래서 개를 훈련시킬 때 서열을 정하는 것이 먼저이다. 주인이 개의 목줄을 쥐고 걸을 때도 개가 앞서거나 주인을 무시하는 행동을 하면 단호하게 "안돼"라고 하지 않으면 금방 서열이 바뀐다. 개는 한달 이상 훈련을 지속해야 제대로 인식한다. 서열 인식이 안 된 개는 주인에게 재롱을 부리다가 갑자기 기분이 바뀌면 물기도 한다. 그러나 인간과 동물은 다르다.

신생아는 본능적으로 서열 경쟁을 한다. 엄마 서열이 우위에 있다고 인식하지 못한 아이는 수시로 울거나 징징거리면서 욕구를 표현한다. 배고파도 울고, 오줌을 싸도 운다. 이유를 알 수 없이 칭얼거리기도 하는데 이 역시 본능적인 행동이다.

엄마의 서열이 높다고 인식한 아이는 안정감을 느낀다. 자장가 소리에 잠이 들고, "맘마!"하는 엄마 목소리를 들으면 울음을 그친다. 어느덧 엄마의 양육 방식에 따라 잠자는 습관이나 식습관이 정해져서 24시간 서성거릴 일이 없다. 자주 잠잘 시간을 놓쳐 칭얼거리기를 반복한다면 엄마 서열이 낮게 인식되었다는 의미이다.

첫애보다 둘째를 더 오냐오냐 하면서 키우는 경향이 있다. 그러다 보면 아이와 엄마 서열이 바뀌기 쉽다. 어리광으로 받아들이다가 언제부터인지 소소한 말조차 반항하는 아이에게 문제가 있다는 것을 실감한다.

왜 그러는지 모르겠다는 엄마는 서열 인식이 분명하지 않았을 것이다. 아이의 뇌 습관이 잘못되어 나타난 문제이다. 예의도 없고 인내심도 없으며, 제멋대로 행동하려다 보니 학습 효과도 떨어진다. 형이든 언니든 이기려고만 해서 가족의 분란을 제공하기도 한다.

식탁 예절이 서열 인식을 바꾸는데 도움을 준다. 아빠 엄마가 먼저 수저 들기를 기다리다가 식사한다거나, 물을 컵에 따를 때도 서열 인식을 하도록 순서를 정해지는 것이 좋다.

식사 중에 장난치는 형을 동생 앞에서 어떻게 꾸중할 것인지, 자매가 다투었을 때 서열 인식을 염두에 두고 꾸중해야 한다. 형 노릇을 제대로 못했다고 동생 앞에서 심하게 야단친다면 동생과 형의 서열은 바뀌지 않는다. 우애 있는 형제자매는 서열 인식이 제대로 되어 있다.

# 아이 이름을
## 불러주세요

리더십은 이름을 자주 불러주었을 때 강화된다. 아이가 "엄마"를 부르는 횟수보다 엄마가 아이 이름을 자주 부르는 것이 좋다. 한참 장난감 놀이를 하다가 싫증난 아이에게 정리정돈하도록 할 때도 이름을 불어주자.

"기영아, 이 장난감 누가 가지고 놀았지?"

"그렇지. 기영이가 놀았잖아. 그럼 누가 정리할까?"

"기영아, 어떤 것을 먼저 정리할래? 퍼즐, 아니면 블럭?"

살림과 육아에 지쳤다고 짜증 섞인 목소리는 금물이다. 아이에게 지속적으로 질문하면서 정리정돈하는 습관을 길러주어야 한다. 이때 이름을 불러준다면 왜 정리정돈을 해야 하는지 알게 되고, 차츰 주도적으로 정리하는 습관을 갖게 될 것이다.

아이는 왜 장난감을 정리해야 하는지 모른다.

"야, 누가 어질렀지. 너란 말이야?"

이렇게 일방적으로 강요했다면 아이는 엄마 말투에서 겁을 먹고 어찌할 바를 몰라 울어버린다. 또 왜 우냐고 고함을 지르는 엄마라면 교육적으로 최악이다. 아직 뇌 발달이 이루어지지 않아 상황 파악이 안 되는 아이는 엄마의 고함 소리가 두렵기만 하다.

아이 이름을 자주 불러주자. 엄마 마음도 차분해지고 차근차근 말해주는 엄마의 말을 들으면서 아이는 정리정돈을 잘하게 될 것이다. 언제든지 엄마의 친절한 목소리에 자연스럽게 반응한다. 이 습관은 또래 아이들과 있을 때도 동일하게 적용한다면 엄마의 말대로 엄마가 했던 것처럼 좋은 리더십을 발휘한다.

엄마가 쟤 때문에 힘들어 죽겠다는 둥 왜 이렇게 어지럽히냐는 둥 싫은 소리를 늘어놓으면서 정리했다면 아이는 어떤 영향을 받을까? 눈치껏 행동하는 아이가 될 것이다. 엄마 기분을 맞추기 위해 정리하는 것일 뿐이다.

"선희야, 화분에 물 주는 일을 도와줄래?"

"네, 엄마. 현관 신발들도 정리할게요."

리더십은 그런 것이다. 엄마를 돕는 마음으로 내가 할 수 있는 일을 내가 하면서 성장할 때 리더십이 발휘된다. 그래서 심부름을 하라고 할 때도 이름을 불러주는 것이 좋다. 아이가 서툴다고 기회도

주지 않고 엄마가 대신한다면 아이는 결코 리더가 될 수 없다.

중학교 2학년 남학생이 두뇌검사를 하겠다고 했다. 초등학교 교사인 엄마가 초등1정 연수교육장에서 내 강의를 들은 후 아들에게 문제가 있다는 것을 알게 되었다. 검사 결과, 선택하고 행동하는 능력이 현저히 떨어졌다.

엄마 말을 들어보면, 초등학교 때 적극적으로 반장 회장을 할 만큼 리더십이 있고, 아이들과 어울리는 놀이도 주도적으로 이끌었으며, 성적도 1등을 놓치는 법이 없었던 자랑스런 아들이었다. 그런데 중학생이 되면서 급격히 말수가 적어지더니 갈수록 혼자 있는 시간이 늘어나면서 학습 의욕도 떨어졌다고 한다. 보다못한 엄마의 언성이 높아졌고, 모자 사이 감정의 골이 깊어졌다.

"두뇌검사 결과는 무기력 상태입니다. 아들이 해야 할 일을 엄마가 대신하셨죠?"

그제야 엄마는 낮은 목소리로 자신의 얘기를 들려주었다. 학교에 선생님으로서 엄마가 출근하다 보니 친정어머니에게 아들의 양육을 맡겼고, 첫 손주가 사랑스러운 친정어머니는 하루종일 손주의 손과 발이 되어 주었다. 그러다 보니 스스로 할 나이가 되어도 무슨 일이든 제 손으로 하려고 하지 않았다.

출근하기에 바빴던 엄마는 문제를 감지했지만 아이의 등교 전 치다꺼리만도 벅찼다. 아들은 잠자리에서 일어나 씻고, 밥 먹고, 옷을 입는 일조차 스스로 할 줄 몰랐기 때문이다. 준비물을 챙기라고 하고 기다려 보았지만, 결국 대신하게 되었다는 것이다.

교사로서 양육 기준이 분명해야 한다는 것을 어찌 몰랐겠는가. 매일 두 마리 토끼를 쫓는 격이었다. 엄마는 아들의 두뇌검사 결과를 들으면서 자기 불찰이라면서 고개를 숙였다.

뇌 발달이 활발한 유아기부터 초등학교 때까지 할 일을 대신했다면 뇌 습관은 의존적일 수밖에 없다. 이렇듯 어른의 잘못된 선택이 아이 미래를 망가뜨릴 수 있다.

어떤 반찬을 좋아하는지, 유치원에 갈 때 어떤 옷을 입을지 선택하고 표현할 줄 알아야 한다. 스스로 학교 숙제를 하고 준비물을 챙기고 잠자리에 들어야 한다. 하루의 일과를 스스로 행동하지 못하는 아이는 학령기에 질서있게 주도적으로 해야 할 일을 감당할 수 없다.

"괜찮다, 괜찮아. 크면 다 잘할 수 있어."

이렇게 말들을 하지만 그렇지 않다. 3세 전후 전두엽이 발달할 시기에 질서의 필요성이 저장되지 않았다면 순차적으로 생각하고 행동하는 일이 어렵기만 하다.

엄마가 행복해지는 우리 아이 뇌 습관

# 잠재된 재능
# 발견하기

늦둥이들 중에 영재가 많다는 통계가 보도된 적이 있다. 10살 넘는 터울로 늦둥이가 태어날 확률이 10퍼센트, 영재 중에 늦둥이가 차지하는 비율은 20퍼센트라고 한다. 또한 큰애 지능이 보통 수준인데, 10살 터울의 늦둥이 동생은 영재라면 왜 그럴까 궁금하기도 하다.

여러 전문가들의 말을 참고하자면, 유난히 건강한 난자와 건강한 정자가 만났을 확률이 높다는 산부인과 의사의 의견이 인상적이었다. 그리고 대부분 영재들은 엄마와 아빠 모두 육아에 적극적으로 참여했다는 점이다.

한편 큰애의 양육에 서툴거나 부적절한 일들을 개선하여 적용했을 가능성이 높다. 훈육법도 안정감이 생겼을 것이고, 육아 정보도 풍부해서 일찍이 전인적인 교육이 가능했을 수도 있다.

아이는 미래의 가능성이 높은 존재이다. 또 누구나 재능이 있기 마련이다. 노래, 운동, 그림, 특히 조리 있게 말을 잘할 수도 있다. 그 재능을 발견하고 키워주는 부모가 되어야 한다. 재능을 발견하는 것은 의외로 쉽다. 세심하게 관찰하면서 기다려주는 일이다.

영재 부모의 공통점은 아이가 어떤 행동을 했을 때 간섭하기보다 기다려주었다는 점이다. "여기 개미가 있어요"라고 호기심을 표현하면 아이의 다음 반응을 기다린다.

잠재된 재능은 발휘되지 않는다면 알 수 없다. 만약 부모의 간섭이나 강요로 어떤 뛰어난 성과를 보였다면 잠시일 뿐이다. 아이가 주변에서 즐겁게 선택하고, 행동하고, 경험하도록 지지할 때 재능은 발견되고 발휘된다.

낙서를 유난히 좋아하는 아이가 있었다. 집안 여기저기 온통 낙서를 해서 엄마는 귀찮기만 했다. 낙서하지 말라고 해도 어느새 그림을 그려놓아서 자꾸 꾸중하게 되었다. 그러나 아이에게 가장 뛰어난 재능은 그림 그리기였던 것이다.

그러므로 아이에게 질문하는 것이 좋다. 왜 이런 그림을 그렸는지 물어보라. 아이의 생각을 존중하고 그 생각을 표현할 수 있게 환경을 제공해야 한다.

마구 낙서한 듯해도 아이도 생각하면서 그린다. 아이 생각을 궁금해하자. 낙서에 제목을 붙이게 하는 것도 좋다. 낙서 같은 그림이지만 제목이 정해졌을 때 작품이 될 수 있다.

아이의 행동에 반응하는 엄마, 아이의 생각을 존중하는 아빠가 되었으면 좋겠다. 그럴 때 아이는 자신감 있게 잠재된 재능을 마음껏 표현하고 발휘하면서 창의력이 강화될 것이다. 생각을 표현하고 행동할 수 있게 지지할 때 잠재된 재능을 발견한다.

아이는 마음대로 하고 싶어한다. 사랑으로 통제하고 관심있게 돌보지 않으면 위태로운 순간이 많다. 어느 순간 갑자기 울고 웃고 먹으려고 하기 때문이다. 손에 잡히면 마구 잡아당겨 입으로 가져가고, 이제 막 걸음마를 시작했는데 앞으로 달려가려다가 넘어질 때도 많다. 하지 말라고 해도 아무 소용없다.

그러므로 사람답게 살아가려면 교육이 이루어져야 하고, 함께 살아가는 법을 익혀야 한다. 제도와 법을 지킬 수 있도록, 해야 할 것과 하지 말아야 할 것을 가르쳐야 한다.

도로를 건너려면 건널목의 신호를 지켜야 하고, 초록 신호등일 때 건너고 빨간 신호등일 때는 멈춰야 한다. 이 같은 약속이 지켜져야 교통사고로 이어지지 않는다. 편의점 물건이 필요하면 제 값을 지불하고 구입해야 하는데, 마음대로 가져간다면 도둑이다. 범법자로 처벌을 받아야 한다.

무엇보다 교육을 통해 아이가 미래를 상상할 수 있게 해야 한다. 내일을 기대하고 설레일 때 세계에 대해 탐구가 이루어진다. 일상에서 무한 상상의 즐거움이 주어진다면 아이는 지치지 않고 배우고 익히려고 할 것이다.

# 아는 뇌와
## 쓰는 뇌

배꼽 인사를 잘하는 아이가 있다. 두 손을 배꼽 아래 다소곳이 모우고 90도로 허리를 굽혀서 인사를 한다. 유치원에서 배웠기 때문이다. 부모님이나 가족에게, 또 이웃 어른들에게도 배운대로 인사했을 것이다.

이처럼 알기만 하는 것이 아니라 쓰는 뇌를 사용할 때 교육이 이루어지고, 좌우 뇌가 균형있게 성장한다.

유치원에서 모두 식사송을 부른다. "날마다 우리에게~" 라고 합창하고 나서 "선생니임~ 먼저 드세요"라고 씩씩하게 인사하고 식사한다. 아는 뇌를 사용하는 것이다. 그러나 유치원에서 배운 대로 집에서도 "아빠, 먼저 드세요"라고 했다면 쓰는 뇌를 사용한 것이다.

어느 날, 제자 부부의 5살 아들에게 놀랐다. 처음으로 같이 식사하는데 "교수님, 먼저 드세요"라고 깍듯하게 예의를 갖추는 것이 아닌가. 아니, 벌써? 그런데 그럴 만한 이유가 있었다.

식탁에서 지나치게 산만하게 행동해서 이를 어떻게 해야 하나 고민하다가 엄마 아빠가 식탁에서 인사를 하기로 했다.

"여보, 맛있게 먹겠습니다."

"네에, 당신 먼저 드세요."

그러자 "나는 엄마 아빠에게 뭐라고 하는 거야?"라고 아이가 물었다. 식탁에 단정하게 앉고 나서 "아빠, 먼저 드세요", "엄마, 맛있게 먹겠습니다"라고 인사하라고 했고, 한동안 그대도 따라하면서 차츰 식탁에서의 산만한 행동도 개선되기 시작했다.

어느덧 석 달이 지나자 식탁에서뿐만 아니라 아빠가 출근할 때도 인사하더란다. 그후로는 누구에게나 인사를 잘했다고 한다.

나는 양육 방식이 훌륭했다고 칭찬했다. 실제로 100일 동안 식탁 예절을 억지로 가르쳤다면 이처럼 자연스럽게 인사하기가 쉽지 않았을 것이다. 100일은 아이에게 너무 긴 시간이라서 대부분 중간에 포기한다.

하지만 제자 부부는 아이 앞에서 먼저 모범이 되어 인사했고 따라하도록 했다. 유치원에서 배운 대로 아이에게 쓰는 뇌를 사용하게 한 것이다.

이처럼 "아빠, 먼저 드세요"라고 할 수 있는 쓰는 뇌를 만들면, 어떤 상황이든지 어른에게 "먼저 드세요"라고 인사하는 아이가 된다. 이것이 내가 말하는 '하나를 가르치면 10개로 응용할 줄 아는 학습법'이다.

만약에 유치원이나 어린이집에서 "선생님, 먼저 드세요"라고 가르쳤는데 집에서는 "너 먼저 먹어라"라고 한다면 아는 뇌와 쓰는 뇌 사이의 경계는 사라진다. 순차적인 질서를 배우지 못해서 언제 해야 할지 알지 못해 버릇없는 아이로 성장한다.

아는 뇌는 바로 결과가 나타나지만, 쓰는 뇌는 최소한 100일 동안 지속되어야 만들어지기 때문에 인내하면서 기다려야 한다. 아는 뇌가 만들어졌다고 쓰는 뇌가 만들어지는 것이 아니다.

한국의 대학 진학률은 세계 최고이나 도덕불감증과 행복지수는 OECD 중 하위이다. 이는 얼마나 아는지에 치우쳐 배운 대로 살아가면서 적용하고 실천하게 하지 않았다는 얘기이다. 아는 뇌와 쓰는 뇌는 '얼마나 아는지?'와 '얼마나 배운 것을 사용하는지?'와 같은 차이가 있다.

초등학생 대상 두뇌계발훈련 프로그램에서 속담교육이 이루어진다. 아이들에게 속담을 기억하게 하는 놀이가 병행된다.

먼저 카드 중앙에 있는 속담의 주요 낱말을 볼 수 있다. 예를 들어 '낫 놓고 기역자 모른다'는 '낫'이 쓰여 있고, '가는 날이 장날'은 '장날'이 쓰여 있다. 내가 '낫'이라고 말하면 아이들은 '낫 놓고 기역 자를 모른다'는 속담을 말해야 한다.

이 속담놀이를 무척 재미있어 한다. 속담카드 100개를 만들어 3-4개월 동안 반복적으로 놀이를 하면 '장날'이라고 입 모양만 움직여도 얼른 알아차린다. 곧바로 '가는 날이 장날'이라고 외친다. 아이들은 3-4개월 만에 속담 100개를 척척 알아맞히는 속담 박사가 된다.

그러나 속담놀이를 아무리 뛰어나게 잘한다고 해도 일기 쓰기에 잘 인용하는 것은 아니다. 친구들과 대화할 때도 속담을 사용하기 어렵다. 속담 100개를 척척 알아맞히는데 왜 말하거나 글을 쓸 때 활용하지 못할까?

엄마가 행복해지는 우리 아이 뇌 습관

이는 쓰는 뇌가 아닌 아는 뇌가 발달해서 그런 것이다. 아는 뇌는 속담을 응용하지 못한다. 시험을 보거나 문장 속에서 찾아내기에는 100점일지 모르지만, 속담을 응용하여 표현하기는 어렵다. 쓰는 뇌가 발달해야 가능하다.

속담 100개를 안다고 해도 어떤 문장에 어떻게 속담을 넣어야 할지 선택해야 해서, 자칫 일기 쓰기가 싫어질 수 있다. 문장에 적절한 속담을 넣어야 하기 때문에 통합적인 글쓰기의 힘이 필요하다. 어떻게 해야 할까?

일기를 쓰면서 적절한 속담을 넣어 문장을 만들기 바란다. 매일 100일 정도 지속해야 쓰는 뇌가 발달한다. 일기에서 자유롭게 속담을 인용할 수 있다면 말할 때도 속담 인용이 자유롭다. 한 가지를 알면 열 가지를 응용하는 뇌가 바로 쓰는 뇌인 것이다.

# 스스로 할 수 있게
# 기다리기

"우리 아이가 잘 어울리지를 못해요. 놀이터에서 자주 다투고 울어서 속상해요."

이처럼 사회성이 없는 아이는 친구들의 못마땅한 행동을 엄마에게 고자질하는 경우가 많다. 그러다보니 걱정이 많은 엄마는 놀이터 근처에서 아이를 지켜보게 된다. 놀이에서도 협응력이 부족해서 쪼르르 달려와 "엄마, 쟤가 자꾸 밀어", "모래를 끼얹었단 말이야" 하면서 징징거린다.

엄마는 아이의 고자질에 대응하지 말아야 한다. 아무런 말없이 무조건 아이를 집으로 데리고 가 보라. 그 후에 또 고자질을 한다면 엄마는 똑같이 아이를 집으로 데려간다.

이렇게 반복된다면 놀이터에서 놀고 싶은 아이는 고자질을 하지 말아야겠다는 생각에 미친다. 이제 고자질하면 친구들과 놀 수 없다는 것을 인지하는 것이다. 그 순간부터 엄마에게 고자질하기보다 사이 좋게 놀기 위해 노력하고 집중한다.

아이의 뇌는 스펀지처럼 흡수한다. 만약 아이가 고자질한 대로 이웃집 아이를 야단쳤다면 고자질은 계속될 것이다. 그뿐인가. 이웃집 엄마와도 분쟁이 일어나서 마침내 아이는 외톨이가 되기 쉽다. 엄마의 훈육으로 고자질하던 아이는 스스로 문제를 해결하는 아이로 성장한다.

아이는 놀고 싶지만 친구의 불만스러운 행동과 충돌하면서 생각한다. 불만을 참을 것인지, 다른 친구와 놀아야 할지 고민하기도 한다. 아이 선택은 친구 관계에 대해 중요한 전환점이 될 것이다. 불만을 참기만 해서도 안 되고, 그때마다 다른 친구를 찾아갈 수도 없다. 아예 놀기를 포기하고 집으로 향할지도 모른다.

이러한 갈등을 하면서 아이의 문제해결능력이 향상된다. 이 과정

엄마가 행복해지는 우리 아이 뇌 습관

을 거치는 동안 얻은 교훈은 단순하지 않다. 친구 관계에 대해 고민하던 것을 스스로 판단하고 결정하면서 어떤 문제든지 주도적으로 해결하게 된다.

아이가 길에서 넘어졌을 때 엄마가 야단법석일 때가 있다. 혼자 일어설 만하면 기다려주자. 때로는 아프지만 씩씩하게 아무 일 아니라는 듯 일어서기도 할 것이다. 또 어떤 때는 피가 나고 아파서 엉엉 울기도 한다. 엄마 마음이 앞서더라도 도움을 청할 때까지 기다려주는 것도 괜찮다.

요즘 사회 문제라고 걱정들이 많다. 아이의 부모의존도가 지나치게 높다는 것이다. 대학생이 되어도 부모 그늘을 벗어나지 못해서 '캥거루족'이라고도 한다. 뇌 발달 시기에 해야 할 부모 노릇을 다 큰 아이에게 뒤늦게 하려고 한다는 것이다. 아이에게 아무 소용이 없다는 것을 알아야 한다.


전두엽이 발달하는 3세 이후에는 젓가락을 사용하게 하자. 그동안 포크를 사용한 아이는 젓가락 사용을 어려워한다. 이때도 기다림이 필요하다. 아이는 젓가락질을 잘할 테니까.

뇌 발달 시기에 젓가락질은 효과적이다. 손가락 관절 30여 개와 60여 개의 근육을 움직여야 해서 대뇌를 자극하면서 뇌세포를 발달시킨다.

또한 손 근육이 발달하기 전에 젓가락을 사용하면 식사 중에 어떤 반찬을 먹을지 선택하면서 눈과 손의 협응력이 발달한다. 손가락이 유연하지 않아서 잘하려고 하다 보면 집중력이 향상된다. 손 근육이 발달하면 다른 도구를 사용하기에도 편하고, 손글씨 쓰기에도 유리하다.

실제로 EBS 〈교육이 미래다-두뇌전쟁의 비밀〉에서 손에 관한 실험을 했는데, 젓가락 사용으로 우측 측두엽의 변화가 관찰되었고, 젓가락이 포크보다 30% 이상 뇌세포를 활성화시킨다고 방송된 바 있다.

## 공감하는
## 아름다운 가족

미국의 한 가정이 방송에 소개되었다. 중증장애 아이들 10명을 입양한 가정의 남다른 삶을 조명했으나 여느 가정과 크게 다르지 않았다는 데 감동하였다.

아침에 아빠는 엄마를 도와서 아침식사를 준비했고, 아이들의 등교를 도운 다음에 출근했다. 장애 아이들이라면 돌볼 일이 많고 힘겨울 거라고 짐작했지만 부부 외에 별도로 돌보는 사람은 아무도 없었다.

그들 부부가 중증장애 아이를 처음 입양한 이후 한 명 한 명 계속해서 입양했던 것도 가족으로서 함께 살아가는 데 크나큰 어려움이 없었다는 얘기이다. 여느 가정처럼 아이들이 커가는 것이 보람이었고 기쁜 일이었던 것이다.

아무리 그래도 중증장애 아이가 한 사람만 집에 있어도 돌보기 힘들다고들 하는데 어떻게 10명의 장애 아이들, 그것도 중증의 아이들을 돌볼 수 있는지 궁금하지 않을 수 없었다.

그 부부가 특별하다면 양육 원칙이 분명하다는 점이었다. 어떤 장애가 있든지, 장애 정도가 어떠하든지 아이가 필요로 하면 배려하고, 각자 집안에서 선택한 일을 잘하도록 도왔다. 아이들은 선택한 일들을 잘하게 되면서 더 기뻐하고 더 즐거워했다.

그들 가족은 마치 시계 같았다. 수많은 부품이 정교하게 맞물려 돌아가야 시계의 역할을 하는 것처럼 말이다. 각자 맡은 역할을 감당하기만 하면 집안에는 어떤 불편함도 없었다. 누구도 불편하지 않았다. 그러다보니 여느 가정과 다름없이 행복하게 생활할 수 있었다.

아침부터 저녁까지 얼마나 어수선하겠는가. 하지만 여러 아이들이다 보니 갖가지 에피소드로 심심할 틈이 없었고, 티격태격하기도 하지만 금새 다시 웃음짓는 가족이었다.

어떤 아이는 청소를 잘했고, 어떤 아이는 목욕을 시켜주기를 잘했다. 장애가 있어서 처음에는 청소기를 떨어뜨리기도 했고, 서툴러서 목욕물이 사방으로 튀기도 했지만 얼마 지나지 않아서 맡은 일에 전문적이 되어 갔다. 또 어떤 아이는 아예 걷지 못하는 아이를 돌보면서 휠체어 밀어주기를 즐거워했다.

무슨 일이든 혼자 하려면 힘들다. 하지만 서로의 불편함을 공감하면서 더불어 함께한다면 어떤 일도 어렵지 않다.

몸이 불편한 장애 아이들은 다른 사람의 불편함을 누구보다 빨리 알아차린다. 공감하는 힘이 뛰어났다. 어떤 도움이 필요한지 무엇을 도와야 할지 잘 알았다. 그래서 더 행복할 수 있지 않을까 생각한다. 장애가 없는 사람들이 누릴 수 없는 행복이다. 장애가 있어서 아름다운 가족이었다. 우리 가족, 우리 아이는 어떠한가?

그렇다면 언제부터 다른 사람의 마음을 이해하는지 궁금하다. 부모와의 교감, 인형놀이 등을 통해 감정을 공감하게 되는 과정을 겪게 하는 것이 좋다. 태어나서 얼마 되지 않아 목소리나 표정에서 엄마의 감정을 판단하고, 엄마 아빠의 목소리에서 분위기를 알아차린다. 놀이를 하면서 여러 사회적 경험을 하게 되는 것이다.

놀이 중에 전화 통화하는 흉내를 내면서 배우처럼 가상으로 말을 하기도 하고, 강아지 인형에게 말을 걸기도 한다. 이러한 과정들은 아이의 공감 능력을 발달하게 하고, 다른 사람의 감정을 읽는 단계로 성장하게 한다.

# 사람답게
# 살아가자구요

옛사람들에게 교육은 사람다운 사람을 만들려는 것이었다. 부모님께 효도하고, 이웃과 화목하게 지내며, 형제지간에 우애 있고, 자기가 하고 싶은 일을 하면서 살아가는 것을 사람답게 사는 것이라고 했다. 그렇다. 교육은 사람다운 사람을 만드는 일이다.

우리나라 근대사에서 교육은 선교사들에 의한 교육이 지배적이었다. 기독교 가치관을 바탕으로 그 뿌리는 '서로 사랑하라'는 가르침이었다. 사랑을 받기만 하는 것이 아니라 주는 사랑, 즉 나눔이다. 소외된 약자들을 위해 시간과 물질을 나누는 것이 대표적이다. 그러나 의무적인 봉사활동은 진정성이 없어서 횟수와 시간을 계수하려는 정도에 그쳐서 안타깝다.

내가 살았던 시골 마을에 두 아들이 있었다. 큰 아들은 사람답게 살게 한다고 서울에서 공부시켰고, 작은 아들은 농사를 지어 형의 뒷바라지를 하게 했다. 최고 학력으로 대기업에 다니는 형은 부모님을 찾아뵙기도 어려울 만큼 바빴고, 농사꾼이 된 동생은 부모님과 함께 행복하게 살았다. 사람답게 산다는 것은 무엇일까?

나의 아버지는 7남매 장남으로 많이 배우지 못하셨지만 동생들의 공부를 가르치고, 시집 장가를 보냈다는 것을 큰 보람으로 여기셨다. 할아버지가 돌아가실 때까지 어떤 분쟁도 없었고, 형제간에 재산 다툼도 없었다.

그렇게 우리 아버지 세대는 가족을 위해 애쓰는 것을 당연시했으며, 다음세대가 당신들보다 더 사람답게 살아가기를 바랐다. 공부를 잘해서 서울로 유학 가는 것이 큰 자랑이던 시절이었다. 그런데 반세기가 지났을 뿐인데 가족간의 우애, 그 믿음이 흔들리고 있다.


우리나라 국가적 운동은 새마을 운동이 대표격이다. 어떤 평가를 내리든지 어릴 적에 새마을 운동가 '새벽종이 울렸네. 새 아침이 밝았네~'가 마을 스피커에서 울려 퍼지면 너나 할 것 없이 빗자루를 들고 온 동네를 깨끗이 쓸었다. 잘 살자는 의지를 다졌다. 또 '둘만 낳아 잘 기르자'는 캠페인이 있었고, 아이 둘도 많다면서 '하나만 낳아 잘 기르자'는 포스터가 전국 방방곡곡 벽면을 도배하다시피 했다.

그 시절, 뒷집에 3대 독자가 살았는데 이 아이는 '너 혼자 많이 먹어라'라는 소리를 듣고 자랐다. 얼마나 부러웠던지, 나도 아이 하나만 낳아서 아이가 해달라는 대로 다 해주고 싶었다. 우리 집은 모처럼 맛있는 음식이 있어도 아버지가 돌아오시기 전까지 먹는 법이 없었다.

내 또래 어릴 적 기억은 비슷할 것이다. 어머니께 '공부해라', '책 읽어라'보다 더 많이 들었던 말씀은 '나누어 먹어라'였다. 콩 하나도 반쪽씩 나누어 먹는 것이 사람답다는 얘기였다. 그래서 가장 듣고 싶었던 말이 '너 혼자 다 먹어'라는 말이었는지 모른다.


엄마가 행복해지는 우리 아이 뇌 습관

요즘 세태는 어떠한가? 맞벌이 부부 엄마 아빠는 직장 동료들과 회식하느라 따로 먹고, 할머니 할아버지는 마을 노인정에서 식사하신다면서 "너나 먹으면 된다"고 한다. 아이들에게 혼밥이 일상어가 되었다. 내 자식이 귀해서 "너만 먹으라"는 것이 아니다.

또 아들 넷을 낳고 그 아래로 딸 셋을 둔 집이 있었다. 마을에서 최고 부잣집이었는데, 그 집안 어른이 얼마나 구두쇠였던지 돈 쓰기가 아까워서 아들딸 누구도 가르치지 않아서 마을 사람들에게 손가락질을 당했다.

그런데 그 집안에 8번째 아들로 늦둥이가 태어났는데, 아무리 내리 사랑이라고 해도 지나쳤다. 아버지는 손수 자전거에 태워 등하교를 시켰고, 장날이면 아들을 주겠다고 생선꾸러미를 들고 다녔다. 늦둥이가 반찬 투정을 하면서 안 먹겠다고 떼를 쓴다는 것이다. 마을에서는 "저렇게 키워 어디에 써 먹을까?"라면서 걱정이 많았다.

아니나 다를까. 아이가 초등학교를 들어가면서 문제가 드러나기 시작했다. 중학교 때는 부모가 두 손을 싹싹 빌어야 하는 일이 다반사였고, 고등학교를 겨우 졸업했다고 들었다. 장가를 갔으나 어찌어찌 집안 재산을 다 말아먹고 마흔이 넘도록 정신을 못 차리고 살았다고 했다.

자아정체성은 사춘기에 발달되는데, 영유아기 뇌 발달 시기에 부모와의 애착이 중요하다. 애착 형성과 자아정체성은 긴밀히 관계될 때 안정적인 독립이 이루어진다.

하지만 심리적 독립은 여러 가지 사회적 요인으로 그 시기가 점차 늦어지고 있다. '마마보이, 파파걸, 헬리콥터맘, 캥거루족' 같은 신조어가 많아진다는 것도 그 때문이다.

부모가 대학생 아이를 대신해서 직장, 배우자, 주거지 등을 선택할 정도라고 하니 지나치게 의존도가 높아진 것이다. 청소년기에 자아정체성 발달이 지연되면 주도적이고 독립적인 아이로 성장하기 어렵다.

# 마음을 읽는
## 눈치 코치

우리 몸에 두 눈이 있다. 눈의 밝기를 '시력'이라고 한다. 2.0 정도라면 시력이 좋고, 0.1 이하로 내려가면 시력이 나쁜 편이다. 시력이 나쁘면 아무리 잘 보려고 해도 보이지 않는다.

마음에도 눈이 있다. 마음의 눈 역시 몸의 눈 못지않다. 마음의 눈 밝기를 '눈치'라고 하는데, 우뇌 교육이 눈치를 높이는 교육이라고 할 것이다.

유치원에서 영역별 놀이 수업이 이루어진다. 초등학교 3학년까지 토론 수업, 모둠 수업 등이 영역별 수업인데, 생각을 나누고 서로의

입장을 미루어 이해하는 '눈치를 올리는 수업'이다. 눈을 보며 대화하면서 서로 이해하는 힘을 길러준다.

회사 점심시간에 동료 5명이 함께 식사한 후 자판기 커피를 마시는데, 한 친구만 커피전문점의 원두커피를 먹겠다고 한다. 동료들은 그 친구가 못마땅할 것이다. 그런데 정작 본인은 "왜 다들 나만 미워해!"라고 하면서 한마디 들었다고 투덜거린다. 눈치가 없다. 시력이 약하면 가까이 있는 사물이 잘 보이지 않듯이 눈치가 없으면 사람들이 왜 자신을 못마땅하게 여기는지 알아차리지 못한다.

눈빛에서 마음이나 생각을 짐작하는 능력이 눈치이다. 눈으로 마음을 읽는 힘이기도 하다. 학교나 직장에서, 부부 사이에도 눈치는 윤활유 역할을 한다.

눈치, 즉 우뇌는 3살부터 10살 사이에 가장 활발하게 발달하는데, 이 시기에 우뇌 교육이 제대로 이루어지지 않았다면 눈치 없고 답답하다는 소리를 듣는다.

눈치는 살아가는 지혜를 얻게 한다. 그래서 공부를 잘하는 것만큼 눈치가 발달하는 우뇌 교육이 필요하다. 유치원을 졸업해도 여전히 눈치 없는 아이는 친구들과 어울리기가 쉽지 않다. 답답하고 재미없는 애라는 소리를 들어도 왜 그런지 알아차리지 못한다.

집집마다 대개 아이가 하나 또는 둘이다. 서로 눈을 보고 대화할 시간조차 없다. 스크린에 무방비로 노출된 아이들은 스크린을 마주하는 시간이 많고, 서로 눈을 마주보면서 대화하는 일은 적다. 그러니 눈치 없고 이기적인 아이가 많아질 수밖에 없다.

예부터 형제자매가 많은 집 아이들은 눈치가 있다고 했다. 외동아들 외동딸은 저밖에 몰라서 신부감 신랑감으로는 제쳐두라고는 것도 눈치가 없어서 자기중심적이라는 얘기이다. 이처럼 눈치는 타고나는 것이 아니라 어떤 환경인지에 따라 눈치도 향상된다.

그렇다면 눈치 있는 아이로 키우려면 어떻게 해야 하나? 서로 눈을 바라보면서 얘기할 기회가 주어져야 한다. 가족끼리 대화할 때는 특히 눈을 마주보면서 말하는 것이 좋다. 피곤하더라도 아이들과 함께하면서 눈빛과 마주칠 기회를 만들기 바란다. 장난감이나 가지고 놀라고 하지 말고 함께 놀이하면서 엄마 아빠의 생각을 들려주기 바란다. 이때 눈빛을 마주치면 더욱 좋을 것이다.

다툴 경우 "네가 양보해라"라고 하면서 아이 눈을 보면 양보할 마음이 있는지 없는지 알 수 있다. 자기 마음을 알아차린 엄마가 놀랍기만 하다.

눈빛으로 알아차리는 엄마를 보면서 아이는 차츰 엄마처럼 마음을 읽을 줄 알게 된다. 눈치 있는 아이가 된다. 눈빛으로 마음을 알아차린다는 것은 공감하고 이해한다는 능력이다. 따라서 눈치 있는 아이는 리더십이나 통찰력이 발달한다.

이와 같은 내용을 유치원에서는 '영역별 놀이 수업'이라고 하고 '교구 수업'이나 '교재 수업'이라고 하지 않는 것은 교구와 교재는 놀이 도구일 뿐이기 때문이다. 아이들이 서로 눈을 보면서 진행하는 놀이학습이 뇌 발달에 미치는 영향이 크다.

# 한마디 말이
# 기쁘게 한다

플라시보 효과는 '기쁨을 주다' 혹은 '즐거움을 주다'라는 라틴어에서 유래되었다. 의사가 가짜약을 복용하게 했으나 긍정적 심리 효과가 발휘되어 병이 호전되는 현상을 말하는데 '위약 효과' 혹은 '가짜약 효과'라고도 한다.

이는 심리학 용어이지만 나는 과학적이라고 말하고 싶다. 2차 대전 당시 많은 군인들이 총칼에 상처를 입었는데, 약은 턱없이 부족한 상황이 벌어졌다. 이를 고민한 의사들은 진통제 몇 알에 밀가루를 넣어 반죽해서 마치 진통제처럼 나누어주었고, 이 밀가루 약을 먹은 환자들의 통증이 거짓말처럼 사라졌다.

플라시보 효과는 이러한 결과를 목격한 의사가 전쟁이 끝나자 다시 연구하면서 검증된 심리적 현상이다. 이를 활용하다가 위약인 것이 밝혀지거나 단순 실험대상자라는 것을 알아차리면 오히려 상태가 악화될 수도 있다. 그래서 아직까지 의학계에서 적극적으로 쓰이지 않는다.

부부 상담의 경우 효과적인 경우도 있다. 몹시 사이가 나쁜 부부이지만 '옛날처럼 행복한 부부가 될 수 있다'라고 생각하면서 상담을 받는 부부는 대체로 사이가 긍정적으로 회복된다. 하지만 둘 중 한 사람이라도 '우리는 안 돼. 더 이상 나빠지지 않으면 다행이야. 기대할 게 없다구'라고 생각하면 부부 관계가 회복되기 어려웠다.

아이들은 어려서부터 인정받고 칭찬받을 때 자존감이 높아지고 자신감이 생긴다. 실제로 플라시보 효과를 적용한다면 대단히 훌륭한 결과를 얻을지도 모른다. 매일같이 잘될 거라고 생각하는 아이와 매일 무슨 일이든 안 된다고 생각하는 아이가 있다면, 결과는 상상할 수 없을 정도로 큰 차이가 날 것이다.

나는 청소년 상담을 할 때 먼저 긍정적 생각을 불어넣고 상담을 시작한다. 예를 들면 지능이 평균치이지만 "넌 재능이 뛰어나구나"라고 하면서 "너의 재능이 스크린을 이기지 못해 게임개발자가 되지 못한다면 국가적 손해라니까"라고 하기도 한다. 최종 처방을 내릴 때 아이에게 미치는 영향이 다르기 때문이다.

자신에 대해 자존감 있는 아이는 문제 해결에 적극적이다. 내가 상담 과정에서 "너는 머리도 안 좋고 재능이랄 게 없어서 걱정이다. 노력한다고 되는 게 아니거든. 그래도 한 번 해볼래?"라고 했다면 자신감을 잃어버리고 의기소침해져서 어떤 의지도 보이지 않을 것이다.

청소년 상담은 갈수록 늘고 있다. 한번은 중학생 남자아이가 "마음으로 공부해야 한다고 해도 컴퓨터를 끊을 수 없어요. 아무래도 상담을 해야겠어요"라고 했다. 스스로 문제를 해결하고자 한 것이다. 일찍이 "넌 잘할 수 있어", "넌 머리가 좋은 아이야"라고 하면서 키운 아이라면 문제해결능력이 잠재하고 있어서 상담 효과가 크다.

그러나 "그것도 못하니?", "누굴 닮아서 그 모양이니?", "정신이 있는 거니, 없는 거니?"라는 잔소리를 들으면서 성장한 아이의 자존감은 아주 낮은 상태일 때가 많았다.

그런 경우 상담 효과를 가져오기 어렵다. 여러 관점에서 제안해도 대답은 언제나 '저는 못해요'를 반복한다. 엄마가 아이에게 건네는 한마디 말이 아이를 살리기도 하고 망가뜨리기도 한다.


# 엄마의 안정감이
# 아이에게 최고


아이에게 엄마의 표정과 말투는 그대로 투영된다. 엄마가 사랑스럽게 바라보고 부드럽게 어루만지며 친절하게 말해주면, 자기가 사랑받고 인정받는 아이라고 생각한다.

왜 그럴까? 아이에게 안전한 곳은 엄마의 자궁이라는 무의식이 작용하기 때문이다. 엄마와 탯줄로 연결되어 떼려고 해도 뗄 수 없는 그 시간의 평안함을 느끼고 싶어한다.

태내기에 아이는 엄마와 한 몸이었다. 이를 초기 자궁으로의 회귀 본능이라고도 하는데, 아이들의 마음이 힘들어지면 혼자만의 공간에 웅크리고 있는 모습도 그러한 심리를 예측하게 한다.

최근 미국의 한 연구에 의하면, 엄마의 뇌 속에서 아이의 세포가 발견되었다고 한다. 임신기간 중 태반을 넘어 서로 혈액과 호흡을 주고받으며 엄마의 몸속으로 넘어온 아이의 세포가 엄마의 뇌 속에서 살아있었다는 것이다.

어떤 인문학자는 마술이 우리에게 주는 것은 '편안함'이라고 했다. 그것은 거의 절대적 안정감일 것이다. 마술사야말로 자기 일을 장악하면서 관객에게 무한한 신뢰를 준다. 아무리 이 세상을 뒤집어 놓을 듯한 마술을 부리는 동안에도 마술사는 자신의 통제 아래 모든 것이 있다는 것을 눈으로 확인하게 하면서 관객을 안심하게 한다. 나는 이 세상의 모든 엄마는 마술사라고 이야기하고 싶다.

그러므로 아이가 하루에 엄마 아빠를 원하는 시간은 잠시 잠깐이 아니라 최소한 3시간이어야 하고, 이 시간이 아이에게 주어져야 균형 있게 뇌발달을 하면서 행복하게 성장할 수 있다. 엄마의 체온을 느끼게 하고, 안아주고 업어주어야 안정감 있게 세상으로 나아가게 하는 것이다.

그래서 엄마는 자아발달의 기초를 제공하고, 아빠는 사회성을 형성하게 하는 존재로서 아이에게 서로 다른 영향을 미친다. 따라서 아이가 살아갈 30년 후에는 어떤 사람이어야 하는지, 어떤 개인적 자아와 사회적 자아를 길어주어야 행복하게 살아갈 수 있을지를 예측하는 혜안이 필요하다.

미래학자들이 예견하는 사회는 타인의 다름을 이해하고 받아들이는 능력이 가장 필요하다고 한다. 그런 사람이 행복하게 살아갈 수 있다고 한다. 성공해야 행복하다고 재촉하는 엄마가 아니라 행복해야 진짜 성공한 인생이라고 가르쳐주는 엄마여야 한다.

# 육아,
# 하나라서 힘들어요!

요즘 엄마들은 아이 하나 키우면서도 힘들어한다. 아이 둘의 육아는 엄두도 내지 못한다. 한번은 이런 질문을 받았다.

"박사님, 육아가 너무 힘들어요. 차라리 밖에서 일하는 게 나아요. 아이 하나 키우는 것도 힘든데, 양가 부모님께서 자꾸 둘째를 낳으라고 해요."

"하나라서 더 힘든 것입니다. 둘을 키우시면 더 쉽죠."

이 말에 놀란 듯한 눈초리로 나를 쳐다본다.

뇌 검사와 상담, 자녀교육에 대해 25년 넘게 강의하면서 셀 수 없을 정도로 많은 사람을 상담했다. 종종 아이 하나를 둔 부모가 오히려 여러 자녀를 둔 부모보다 육아가 힘들다고 하는 경우가 많았다. 한 아이 키우기 힘들다고 말하는 부모에게, 둘이나 셋을 키우는 일이 그보다 쉽다고 하면 이해하기 어려울 것이다.

내 위로는 형님과 누님이 있고, 아래로는 두 살 터울 동생이 있다. 사남매 중 중간인 셈이다. 어린 시절, 어머니는 농사일로 늘 바쁘셨다. 나와 동생을 돌보는 일은 언제나 나보다 세 살 많은 누님 몫이었다. 점심을 차려 주고, 실내화와 교복을 빨아 줬다. 내 몫은 남동생을 데리고 다니며 노는 것이었다. 지금처럼 집이 넓지 않다 보니, 밥을 먹은 후 밖에서 놀았다. 조금 불편했지만, 동생을 챙겨 친구들과 함께 놀았던 기억이 난다.

미국의 한 가정이 한국에 소개됐던 적이 있다. 친자녀 셋과 입양한 자녀 일곱, 도합 열 명을 키우면서 사는 집이었다. 그중에는 장애아도 있었다. 아침이 되니 놀라운 일이 벌어졌다. 아이들은 자연스럽게 자신이 맡은 일을 하면서 다른 아이를 도왔다. 서로 돕고 챙기는 일이 이미 훈련돼 있었다. 나는 이런 아이들 모습에 주목하게 됐다. 큰 아이들은 동생을 챙겨 주면서 우뇌가 발달했고, 남을 돕는 훈련을 하면서 자연스럽게 성장한 것이다.

아이 하나 키우는 일이 힘든 이유는 무엇인가. 첫째, 부모가 사랑을 잘못 표현하는 것이다. 아이가 할 일을 다 챙겨 주는 것을 사랑으로 착각해서는 안 된다. 정말 사랑한다면 스스로 서는 방법을 알려줘야 한다.

만 3세가 되면 유치원을 다닌다. 어머니는 아이에게 "이제 너도 유치원을 다녀야 하니, 스스로 준비를 해야 한단다"라고 말하며 스스로 하는 방법을 가르쳐야 한다. 혼자 양치질하고 세면하는 훈련 역시 필요하다. 혼자서 밥 먹는 훈련은 기본적인 것이다. 혼자 계절에 맞는 옷을 찾아 입는 훈련, 유치원 갈 준비물을 챙기는 훈련 등이 자연스러운 나이다.

많은 어머니가 유치원에 가서 배우는 것만 중요하다고 생각한다. 다 챙겨 줘서 보낸다. 반면, 유치원에서는 점심 먹고 양치질하는 것부터 시작해서 가지고 논 장난감을 치우는 훈련, 식사가 끝났을 때 도시락을 챙기는 훈련 등 생활 습관을 하나하나 기른다. 아이들은 잘 따라하고 쉽게 터득한다.

가정에서는 챙겨주고 유치원에서는 스스로 한다면, 이 아이의 뇌에는 혼란이 온다. 집에만 가면 어린아이지만, 유치원에서는 의젓하다. 결국 유치원을 졸업하고 나면, 다시 아무것도 하지 못하는 아이가 되어 버린다. 아이 하나에게 다 해 주려니, 아이가 크면 클수록 엄마는 더 힘들게 되는 것이다.

둘째, 자녀가 여럿일 경우, 아이들은 서로 양보하고 다투고 소통하면서 사회성 발달과 융합의 뇌가 만들어진다. 하지만 자녀가 하나인 경우, 아이와 부모는 서로 끊임없이 충돌하며 힘든 성장통을 치른다.

다시 말해, 형제가 있는 아이들은 서로 나누고 배려하고 다투면서 사회성과 융통성을 배운다. 자녀가 하나면, 부모가 챙겨주든 명령하든 진정한 소통이 되지 않는다. 당연히 사회성도 결여된다. 엄마하고만 놀아야 하니 엄마도 지칠 수밖에 없다.

어느 나라든 경쟁력은 그 나라 출산율에 비례한다. 그렇다면, 가정의 경쟁력도 자녀 수에 비례한다고 봐도 되지 않을까. 자녀를 낳는 일은 남자가 쉽게 말할 수 있는 문제는 아니지만, 내가 아이를 어떻게 키우고 있는지 냉정하게 돌아볼 필요가 있다. 정부의 정책을 떠나, 나와 아이를 위해 한번쯤 깊이 생각해 볼 문제이다.

# 우리 아이 뇌 습관 Q&A

**Q. 수면습관을 어떻게 바꿀까요?**

7살, 4살 남매의 아빠입니다. 아이들이 어린이집을 마치면 오후에는 집에서 할머니가 돌보다가 퇴근하면 제가 아이들과 함께 지냅니다. 엄마의 빈자리가 안타깝지만 밝고 씩씩하게 자라고 있습니다. 편식하지 않고 떼를 쓰는 일도 그리 많지 않습니다. 스마트폰이나 TV 시청보다 놀이터에서 뛰어놀기를 좋아합니다.

제가 힘든 것은 잠자리 습관입니다. 활동적인 아이들이라서 잠자리에 들면 곧바로 잘 것만 같은데 그렇지 않습니다. 밤늦게까지 놀아주고 목욕도 시키지만 11시를 넘기고 12시를 넘길 때가 많습니다. 아이들은 9시에 자는 게 좋다고 하더군요.

아침에 할머니가 오시면 저는 출근하고 아이들은 어린이집에 갑니다. 늦잠을 잘 때도 있지만 잠투정 없이 일어나서 밥 먹고 어린이집에 간다고 해요. 어린이집에서도 활동적이라는데 왜 늦도록 잠을 자지 않을까요?

침대에 누워서도 이것저것 궁금한 것이 그리 많은지 1~2시간씩 얘기를 나누기도 합니다. 그때마다 자야 한다고 해도 소용없습니다. 더 엄하게 다스려야 하는 건지요? 두 아이 모두 낮잠을 자서 밤잠을 늦게 자나요? 그런데 차를 타면 금방 잠드는데, 그렇다고 아이들과 밤 드라이브를 할 수는 없습니다.

60

## A. 아이가 잠들지 못하는 이유를 찾으십시오.

아이들은 부모와 함께하는 충분한 시간이 필요합니다. 부모의 말과 행동을 모방하면서 말하고 싶을 것입니다. 자기의 느낌과 생각을 전달하고 싶은 것이지요. 그런데 남매는 아버지와 만나는 시간이 늦다 보니 그 시간을 애타게 기다리고, 그 시간에 잠이 들고 싶지 않은 겁니다.

저는 상담 글을 올리신 남매의 아빠를 칭찬합니다. 퇴근 후 아이들의 이야기를 들어주고 몸으로 놀아주기가 쉽지 않습니다. 아빠도 집에서 쉬고 싶을 텐데 아이들과 함께 보내는 시간을 갖는다는 것은 드문 일이지요. 그래서 아이들이 편식을 하거나 투정을 부리지 않는다고 생각합니다.

아이들이 늦게 자려는 것은 아빠와 함께하는 시간이 즐거워서 그렇습니다. 물론 성장기 아이들이 12시가 넘어서 잠이 든다는 것은 바꾸어야 할 습관입니다. 그러려면 먼저 아이들이 늦게 자는 이유를 알아야겠습니다.

맞벌이 부부의 아이들은 엄마 아빠와 만나는 시간이 부족해서 애착관계가 집착이 될 수 있습니다. 아이의 몸은 잠이 부족한데 아빠와 놀고 싶은 마음이 커서 수면습관 형성이 잘못될 수 있습니다. 놀다가 12시 넘어 잠드는 수면패턴이 습관이 되면 뇌는 12시가 넘어야 잠을 잔다고 인식합니다.

아이들은 에너지가 넘치며 사물이나 상황에 대해 민감합니다. 작은 소리에도 불안해하고, 자극적인 영상을 보면 공상과 상상으로 잠을 이루지 못합니다. 또 어떤 집은 오후 9시 이전에 잠들고, 어떤 집은 자정이 넘어서 잠들어도 교육기관에 등원한 아이들은 동일한 활동을 하게 됩니다.

이렇듯 각기 수면습관은 다르나 활동 시간이 같다면 문제가 생길 수밖에 없습니다. 일찍 자고 일찍 일어나는 아이와 달리 늦게까지 아빠와 놀고 싶은 아이는 낮 시간의 활동이 둔화됩니다.

성장기에는 잘 먹고 잘 자야 하는데, 밤늦게까지 깨어 있었다면 집중력이 필요할 낮 시간에 산만해질 것입니다. 학습의욕이 떨어지거나 숙제하는 것을 잃어버리고 준비물을 챙기지 못할 때도 있습니다. 수업 시간에 졸기도 합니다.

더구나 성장호르몬은 오후 11시에서 새벽 2시 사이에 가장 활발한데 잠들지 못하는 아이들은 성장호르몬 저하로 키가 작거나 허약할 수 있습니다. 아이가 낮에 보고 듣고 읽은 것을 뇌의 해마에 단기기억으로 한꺼번에 저장했다가 잠자는 동안 대뇌피질의 장기기억에 분류하여 저장하는데, 밤 12시에서 2시 사이에 이루진다는 점을 기억하시기 바랍니다.

이제 아이들에게 충분한 수면이 필요하고 규칙적인 생활 습관이 중요한 것을 아셨죠? 그러면 아이들과 함께 계획을 세워보세요. 늦은 저녁 시간에는 동적인 놀이보다 정적인 활동이 좋습니다. 소등하기, 조용한 음악듣기, 소근소근 말하기 등 잠자기 전의 편안함을 아이들이 기대하도록 만들기 바랍니다.

수면습관은 특별한 방법이 필요한 것이 아니라 꾸준히 정해진 대로 노력하는 것입니다. 뇌는 최소 3개월이 지나야 알아차립니다. 한두 주 시도해도 아이들에게 변화가 일어나지 않는다면서 잠자는 것을 강요한 다면 스트레스가 되어 더 잠들지 못할 수 있습니다. 아이들의 변화를 기다려주십시오. 잠자리의 편안함을 인식한 아이들은 자연스럽게 3개월을 지나면서 제때 잠을 청하게 될 것입니다.

**Q. 지적능력과 정신연령의 차이가 무엇인지요?**

**A. 정신연령도 지적능력만큼 중요하다는 것을 인식하기 바랍니다.**

나이가 많아지면서 성장하는 것이 있습니다. 그것은 지적능력과 정신연령입니다.

지적능력은 학년에 따라 올라가야 학습성취도가 높습니다. 6학년인데 학습능력은 5학년이라면 성적이 좋을 수 없고, 나이보다 지적능력이 높다면 학년보다 더 학업성취도가 높아질 것입니다. 그런데 지적능력을 올리려고 애쓰면서 정신연령을 올려야 한다는 것에 무관심합니다. 아이가 공부만 잘하면 정신연령이 떨어진다고 해도 개의치 않습니다.

최근 정신연령이 떨어져서 고민이라는 상담자가 늘어납니다. 얼마 전에 29살 딸과 함께 온 엄마의 하소연입니다.

딸은 일류 대학을 졸업하고 좋은 회사에 취직했는데 회사 업무에 적응을 못했습니다. 어려서부터 어머니 말이라면 무조건 순종했고 온갖 뒷바라지를 해서 최고의 대학을 졸업시켰고 취업했는데 아직도 주도적으로 자기 일을 해내지 못한다는 것입니다. 이 아이를 얼마나 정성들여 키웠는데 이 모양이라면서 너무 속상하다는 것입니다.

대기업에 입사한지 3개월 만에 성격에 맞지 않는다는 게 퇴사했고, 그 후에도 입사한 회사마다 같은 이유로 그만두었습니다. 지금은 아예 취업할 생각도 없이 방에 틀어박혀 책만 본다고 했습니다. 두뇌검사 결과, 딸의 정신연령이 지적능력에 비해 현저히 떨어졌습니다. 왜 그럴까요?

책을 읽고 문제를 풀면서 메시지를 생각하고 이해했다면, 또 부족한 내용은 반복해서 훈련했다면 지적능력이 올라가면서 정신연령도 올라갑니다.

만약 29살 상담자가 9살 소녀가장이라고 가정해봅시다. 소녀가장의 정신연령은 또래 아이들보다 높을까요 낮을까요? 높습니다. 정신연령은 태어나면서 가진 것이 아니라 살아내면서 높아집니다. 그렇다고 소녀가장이라면 무조건 정신연령이 높은 것은 아닙니다.

동생들을 위해서 고민하는 소녀가장은 동생을 굶기지 말아야 하고, 옷가지도 깔끔하게 입히고 싶어 애쓰고 준비합니다. 누구도 의존할 수 없어 지속적이고 주도적으로 긍정적인 생각을 하면서 더 잘하려고 행동합니다. 그러니 정신연령이 높아지고 도전하면서 열정적이게 됩니다.

너무나 많은 부모들이 아이가 필요한 것을 스스로 생각하기도 전에 해주려고 합니다. 아이가 다른 사람을 위해 무엇을 할지 생각하기도 전에 부모가 다 해결합니다. 그러니 아무리 지적능력이 뛰어나도 정신연령이 낮을 수밖에 없습니다.

어려서부터 다른 사람을 위해 배려하고 양보하며 무엇을 할 것인지 고민하고 생각하게 하는 부모는 아이를 위대한 정신을 가진 리더십으로 키울 수 있습니다.

뇌 발달 시기인 영유아기부터 10살 이전에
공부하는 뇌가 만들어지는 것이 좋습니다.
이 시기에 보고 들은 내용은 3개월 정도 저장되었다가
말이나 글, 행동하는 뇌로 만들어집니다.

**PART 2**

# 두뇌를
# 망가뜨린다구요?

# 유아기 뇌는
# 스펀지 같아서

초등학교 1학년 아이의 두뇌검사를 하기로 했다. 아이는 계속해서 중얼거리듯이 말하고 있었지만 내 말을 듣거나 이해하기는 불가능했다. 이미 '학습부진아' 판정을 받은 상태였고, 질문검사나 지문검사도 할 수 없어서 뇌파검사만 하기로 했다.

두뇌검사 결과는 '스크린증후군성 자폐'였다. 뇌 발달이 활발한 유아기부터 TV 시청에 과다 노출되면서 8살이 되도록 오감 자극이 거의 이루어지지 않았던 것이다.

식당을 하는 엄마 대신 할머니가 아이를 돌보았다. 식당이 늦게까지 손님으로 북적거리는 통에 할머니는 엄마를 거들어야 했고, 그 사이 아이는 식당에 딸린 골방에서 혼자 있었다. 아이를 이불로 둘둘 말아서 TV 앞 벽 쪽에 기대놓으면, TV만 틀어주어도 울지 않아서 할머니는 안심하면서 식당 일을 도울 수 있었다. 그렇게 TV 앞에서 울지 않는 아이가 되어버렸지만 엄마는 "내 새끼는 복덩어리, 기특

해"라면서 이를 자랑삼았다.

어느덧 3년이 지나 유치원에 들어갈 무렵에도 아이는 말이 어눌했고 글을 쓰거나 읽지를 못했다. 엄마는 '크면 좋아지겠지'라고 생각했지만, 일 년이 지나고 이 년이 지나도록 달라지지 않았다.

초등학교에 입학한 후 담임 선생님과 상담하고 나서야 문제가 심각하다는 것을 받아들인 엄마는 밤잠을 이룰 수 없었다. 식당 일을 하느라고 아이를 이렇게 만들었다는 죄책감에 하염없이 눈물을 흘렸다.

"늦더라도 뇌는 발달합니다. 희망을 가지고 노력해 봅시다."

나는 "우리 애는 너무 착하다"는 말만 되풀이하는 엄마에게 희망을 주고 싶었다.


좌우 뇌의 기능은 언제 결정될까? 6세 이전에는 우뇌 중심적이다. 좌뇌가 발달되지 않아 언어 중추가 안정되지 않는다. 그래서 유아기 뇌 발달은 중요하다.

이 시기에 우뇌 자극 없이 성장했다면 뇌는 그대로 멈추었다고 해도 과언이 아니다. 갖가지 놀이 활동이 우뇌를 자극해야 하는데 어떤 교육적인 자극도 없이 방치했다면 듣기도, 말하기도, 읽고 쓰기도 뒤떨어질 수밖에 없다.

만약 신생아 시기부터 3살까지 연명 음식만 제공하고 어떠한 자극을 주지 않았다면 어떠하겠는가? 실제로 아이 뇌는 멈춰 있는 것과 다름없다. 우뇌를 열어주는 활동이 없었다면 언어사고력은 물론 인지 발달도 잘 이루어지지 않는다.

0세부터 3세까지 우뇌중심교육이라면 3세에서 5세까지는 과정중심의 전뇌교육이 필요하다. 우뇌중심교육을 '과정중심교육'이라고 하고 좌뇌중심교육을 '결과중심교육'이라고 하는데, 거꾸로 유아기에 좌뇌중심교육이 이루어진다면 아이의 뇌는 시냅스가 잘 자라지 못해 학습장애증후군이 찾아온다.

교육은 사람답게 살아가는 기본이다. 자칫 방치하고 있는지, 지나친 주입식 교육으로 두뇌를 망가뜨리고 있는지 주의하기 바란다. 아이의 미래가 결정된다.

# 스크린증후군 아이는 어떠한가?

요즘 연구소에 두뇌검사를 위해 찾는 상담자의 고민은 제각기 다르지만 대부분 스크린증후군에 해당되었다. 스크린 중독 현상으로 연구소 찾는 아이들이 급격히 늘어나고 있다. 한 엄마가 학습능력이 떨어진다는 아들의 상담을 요청했다.

엄마의 말에 의하면, 어려서부터 TV 시청에만 집중했던 아들은 스토리텔링에 뛰어나고 기억력도 좋아서 훗날 공부를 잘하리라 기대했다. 그런데 4학년이 되자, 학습능력이 떨어지고 공부에 도무지 흥미를 보이지 않았다. 책상에 10분도 채 앉아 있지 못하는 것을 보면서 걱정이 태산이었다. 엄마는 그토록 똘망똘망하던 아이의 집중력이 사라진 이유가 궁금했다. 두뇌검사 결과 아이의 상태는 스크린증후군 진단이었다.

TV 시청이나 컴퓨터, 오락기 등 스크린에 과다 노출되었다면 스크린증후군을 의심해야 한다. 그런 아이는 컴퓨터를 할 때만 집중한다. 내성적인 성품이어서 놀이터에서 노는 시간보다 스크린을 더 좋아하고, 결국 모든 에너지가 스크린을 향해 있다. 그 외에는 관심이 없고, 집중력은 오직 스크린에 발휘되었다. 학습에 열중할 에너지가 없었다.

특히 TV 시청처럼 일방형보다 스마트폰 문자나 카카오톡 혹은 게임처럼 쌍방형 스크린은 더 위험하다. 쌍방형 스크린은 뇌에서 도파민이 급히 나오고, 스크린을 차단하면 급하게 떨어진다.

도파민은 서서히 나왔다가 여운이 남는 것처럼 서서히 줄어들어야 정상이다. 대개 바닷가를 지나가면서 아름다운 바다를 보면 뇌에서 도파민이 나오는데 서서히 절정을 이루고 서서히 줄어들면서 여운을 남긴다.

그러나 게임은 한번에 급격히 도파민이 나오고 급격하게 줄어들면서 중독이 된다. 이후 도파민이 급격히 나오는 대상에 집중하게 되면서 공부가 재미없고 친구들과 노는 것도 재미없다. 심지어 산이나 바닷가에 놀러 가서도 게임을 하게 된다. 기차 여행을 하면서도 차창 밖의 아름다운 풍경에도 흥미를 보이지 않는다. 게임처럼 도파민이 급격히 나오지 않아서 그런 것이다. 어디든지 스마트폰만 있으면 행복한 것이다.

만약 스마트폰이 없다면 도파민이 급격히 줄어들어 짜증나고 괜히 화를 내거나 무기력해지면서 모든 일에 흥미를 잃는다. 그래서 부모가 "책 읽어라" 하면 "게임 30분 하고 나서요"라고 조건을 걸 정도로 몰입하게 되어버린다.

이러한 아이들의 뇌는 마치 약물중독자 같은 뇌파가 만들어진다. 약물이나 알코올 혹은 흡연자가 금연하고 금주하다가 다시 술을 마시고 담배를 피는 것처럼 스마트폰으로 인한 쌍방향 스크린 역시 한 번 중독되면 다시 중독될 위험이 도사리고 있다.

이같이 스크린에 몰입하는 유형은 여럿이 함께하는 놀이에 관심이 없다. 좋아하는 것만 집중하고, 좋아할 만한 동기가 없으면 무관하다. 흥밋거리에 집중력이 편중되다 보니 학습능력에 문제가 생길 수밖에 없다.

담임 선생님이 학습장애증후군인 초등학교 2학년 아이와 부모님과 함께 찾아왔다. 두뇌검사를 하기 위해서였다. 아이는 누구와도 대화하려 하지 않고, 혼자 중얼거리면서 블럭을 가지고 놀기만 한다는 것이다. 어떤 문제가 있는지 답답했다. 학년이 올라가면 좋아질 것이라고 기대했지만 그렇지 않았다. 오히려 학년이 올라갈수록 아이의 상태는 더 심화되었다. 급기야 '학습부진아' 진단을 받았다.

집안에 이런 아이가 없다면서 유전인자가 있을 리 없고, 그렇다

엄마가 행복해지는 우리 아이 뇌 습관

고 뇌를 다친 적도 없는데 왜 이러냐면서 원인 규명을 요청했다. 잠시 동안에도 안절부절이었다. 마침내 두뇌검사 결과를 출력하는 사이에도 엄마는 가만히 있지 못하는데, 아이는 아랑곳하지 않았다. 오직 컬러 찰흙으로 무엇인가 열심히 만드는 데 집중하고 있었다.

검사지를 출력하는 불과 10분 남짓에 찰흙 캐릭터를 무려 9개나 만들었다. 얼마나 정교했는지 마치 모형 틀로 찍어낸 것만 같았다. 학습장애아 진단을 받은 초등학교 2학년 아이가 만든 것이라고 믿겨지지 않았다.

진단 결과는 다음과 같았다. 커피숍을 하는 부모가 아이 얼굴을 보는 시간은 많지 않았던 것이다. 매장을 닫고 집으로 돌아오면 아이 혼자 잠들어 있곤 했다. 탁아모와 함께 지내긴 했지만, 늘 TV 시청에 아이는 무방비로 방치되어 있던 편이었다. 2학년이 될 때까지 이 아이에게 오감 자극은 TV 시청이나 블럭 쌓기, 찰흙 만들기가 전부였다. 혼자서 할 수 있는 놀이였던 셈이다.

이 아이 역시 스크린증후군이었다. 뇌 발달 시기에는 반드시 오감 자극이 필요한데 아무런 양육 기준도 없이 TV 앞에서 제멋대로 놀게 한다면 이런 결과를 가져온다. 언어사고력이 떨어지면 또래들과 어울리기 싫고, 혼자 블럭 쌓기를 좋아할 수밖에 없다. 언제부터인가 찰흙 놀이에 흥미를 보이더니 하루에 몇 시간씩 오직 찰흙 놀이만 시작했다고 한다. 어떤 지도도 없다면 아이의 좌우 뇌가 균형 있게 발달할 리 없다. 아이에게 전인적인 사고를 기대한다면 반드시 부모의 관심과 균형 있는 훈육과 교육이 필요하다

# 스크린 노출,
# 중독으로 이어질 수 있다

　과학기술정보통신부와 한국정보화진흥원이 발표한 '2017년 스마트폰 과의존 실태조사'에 따르면 고위험군과 잠재적 위험군을 합친 과의존위험군을 연령별로 살펴봤을 때 유아동의 과의존위험군이 2015년 12.4% 대비 19.1%로 대폭 늘었다. 또 부모가 과의존위험군인 경우 유아동 및 청소년 자녀도 위험군에 속하는 비율이 일반사용자에 비해 16% 이상 높은 것으로 나타나 부모의 스마트폰 사용 습관이 자녀에게도 큰 영향을 미치는 것으로 나타났다. (헬스경향 2018.08.14.)

　과학기술정보통신부 조사에 따르면, 10대 청소년 10명 중 3명이 '스마트폰 과의존(過依存)위험군'으로 파악되었다. 이에 국내 IT 업체들도 청소년과 어린이의 스마트폰 사용 시간을 줄일 수 있는 앱과 서비스를 내놓고 있다. (조선일보 2019.11.07.)

　이처럼 스마트폰 중독의 심각성은 각종 매체에서 쏟아지고 있다. 이에 대처하는 애플, 구글, 페이스북 등 디지털 선두 기업들도 앞다투어 스마트폰 중독에 대한 대응책을 발표하고 있다. 최근 스마트폰 중독을 줄여 주는 이른바 '디지털 디톡스(detox·해독)', '디지털 웰빙(digital well-being)'이라는 서비스 개념이 나올 만큼 스마트폰 중독은 국내에서도 심각한 사회적 문제가 되고 있는 실정이다.

이제 아이들의 스마트폰 과다 사용으로 고민하는 부모를 흔하게 접할 수 있다. 기본적인 가족 관계, 친구 관계가 어려울 정도로 심각하게 스마트폰에 몰두하기도 해서, 이를 '중독'이라 부르는 것도 무리가 아니다. 게임 중독, 인터넷 도박, 사이버 폭력 등 스마트폰과 관련한 청소년들의 행동 장애는 학습은 뒷전이 되고, 혼자 생활하는 시간이 늘어나면서 부모와의 심각한 갈등을 일으켜 사회문제가 빈번하게 노출되고 있다.

아이들은 왜 이렇게 스마트폰에 쉽게 중독될까. 성장기 아이들은 호기심이 많고, 새로운 자극을 민감하게 반응하는 편이다. 어디서나 노출되는 인터넷 정보에 이끌리기 쉽다. 뇌 발달 시기의 아이들의 경우, 특히 충동 억제를 담당하는 전두엽 기능이 미숙하여 중독 상황에 쉽게 빠져들기도 한다. 또 스마트폰은 손 안의 컴퓨터인 스마트폰에서 원하는 정보를 실시간으로 제공받을 수 있다는 점에서 과거와는 전혀 다른 세상에 노출되어 있기 때문이다.

스마트폰이 인간의 두개골 모양까지 바꾸고 있다는 다소 충격적인 연구 결과가 나왔다. 호주의 한 대학연구팀이 18세에서 86세까지 1천명의 두개골 뼈를 스캔한 결과 스마트폰을 자주 사용하는 세대가 그렇지 않은 세대보다 두개골 아래쪽의 뼈가 더 길고 두툼하게 형성됐다고 한다. 실제로 연구 대상자인 28세 젊은이의 뒤통수 쪽에 돌출된 뼈의 길이는 27.8mm였지만 58세의 중장년은 24.5mm에 그쳤다고 한다.

연구진은 약 10년 전부터 이 돌출된 뼈를 가진 사람들이 늘었는데, 그 원인이 스마트폰의 사용 증가에 있을 수 있다고 밝혔다. 고개를 숙여 스마트폰을 볼 때 생기는 하중을 지탱하기 위해 인체가 새롭게 뼈를 더 만들게 되기 때문이란 게 연구진의 설명이다. (mbc뉴스 2019-06-18)

이러한 연구 결과가 아니더라도, 스마트폰 중독은 친구 관계까지 영향을 미칠 뿐더러 뇌 발달에 악영향을 미친다. 거북목 같은 척추질환은 물론, 안구건조증, 활동량 감소로 인해 비만에 이르게 한다. 그뿐이 아니다. 스크린 중독은 성 중독의 한 축을 제공하기도 해서 성범죄를 일으키는 등 충동조절장애가 발생할 수도 있다.

특히 학습 위주의 사회분위기는 아이들에게 운동이나 놀이보다 공부를 강요하면서 공부 외에 휴식 활동은 게임, 스마트폰 등으로 제한될 수밖에 없다. 스마트폰을 하루 평균 4시간 이상 사용하면서 인터넷에서 벗어나지 않으려고 한다면 중독을 의심해야 한다.

무엇보다 아이들은 모방 성향이 강하고 절제력이 부족하기 때문에 부모가 주도해 디지털 의존에서 벗어나는 것이 중요하다. 전문 검사를 통해 아이의 스크린 중독 상태를 파악하는 것이 먼저이며, 부모가 아이와 함께 가정에서 디지털 단식 프로그램을 실천해야 한다.

전문적인 검사를 통해 우리 아이가 어느 정도 스크린에 중독됐는지 파악하는 것이 매우 중요하다. 아이를 위해 부모가 함께하는 디지털 단식 프로그램을 가정에서 실천해야 아이의 뇌를 살릴 수 있다.

디지털 기기를 100% 차단하는 것은 현실적으로 어렵다. 하지만 부모들은 혹시 강한 중독성을 지닌 스크린이 값싼 육아 역할을 하기 때문에 아이에게 스마트 기기를 너무 쉽게 내주고 있지는 않은지 깊이 생각해야 한다.

유년기의 스크린 중독은 마약이나 알코올 중독처럼 뇌에 치명적인 영향을 미치기도 한다. 우리의 뇌는 쾌감을 느낄 때 '도파민'이라는 신경전달물질을 분비하는데 스크린은 마약이나 알코올처럼 빠른 시간에 도파민을 분비시키고 스크린을 차단했을 때 빠르게 도파민이 사라진다.

이제 스마트폰을 통제하고, 효과적으로 사용하게 하려는 양육 태도는 이제 선택이 아닌 필수이고 강제 조항이기도 하다.

프랑스에서는 학생들의 스마트폰 중독 현상을 줄이기 위한 조치로 올해 9월부터 3~15세 학생의 학교 스마트폰 사용 금지 법안을 통과시켰다고 한다. 다음세대를 안전하게 성장하게 하려면 이러한 강력한 조치들이 이루어져야 한다고 생각한다.

# 스크린 중독은
# 반드시 예방해야 한다

스크린증후군 아이는 대부분 공상에 빠져 있거나 싫증을 잘 낸다. 가만히 앉아서 공부하는 듯해도 머릿속은 온통 공상으로 가득 차 있다. 따라서 뇌 발달 시기에 컴퓨터 게임이나 TV 시청에 장시간 노출되지 않도록 유념해야 한다. 한 번 중독에 빠지기는 쉽지만 중독에서 빠져나오기 어렵다.

학교에서 가정에 돌아오면 스마트폰을 끄고 아이가 신경을 다른 곳에 쓸 수 있도록 철저한 계획을 세우고 아이와 함께 저녁을 먹고 운동하거나 산책을 하고, 아이가 좋아하는 놀이를 함께하는 것이 좋다. 온 가족이 함께 조립식 놀이나 음식 만들기 등 아이의 신경을 스마트폰에 빼앗기지 않을 계획을 세우고 실천해야 한다.

스크린증후군 아이의 부모는 하루에 몇 분 정도가 적당한지를 가장 많이 묻는다. 나는 단호하게 하루에 10분도 안 된다고 말한다. 스크린은 다이어트가 아니라 단식을 해야 하는 것이다. 알코올 중독자가 하루에 소주를 두 잔씩만 마시면 자신이 중독인 것을 모른다고 한다. 하지만 술을 아예 끊으면 금단 증세로 괴로워한다. 그래서 아이가 스크린에서 벗어나게 하려면 차단시켜야 한다.

일단 스크린을 차단하기 전에 충분히 대화하고 그 이유를 설명하고 설득한다. 아이가 스스로 스크린 차단에 대해 인식하고 참여해야

엄마가 행복해지는 우리 아이 뇌 습관

성공률이 높다. 그 다음에 스크린을 하지 않으면 그 시간에 무엇을 할 것인지 아이와 함께 계획을 세운다. 이때 온 가족이 함께 동참하는 것이 필요하다. 삼 일 혹은 일주일 동안 계획한 대로 실천하자. 그 다음에 일주일 정도 쉬었다가 다시 일주일 혹은 이주일 정도 스크린 차단을 실천하면서 대화를 한다.

온 가족이 함께 스크린 차단 후 무엇이 달라졌는지 서로 이야기를 나누면서 변화 과정을 공유하면서 다음 계획을 세우는 것이 효과적이다. 이렇게 삼 개월 이상 지속된다면 뇌의 변화가 시작된다. 집단 상담을 통해 학생들이 인터넷과 스마트폰 사용에 대한 올바른 인식을 갖고 긍정적인 변화가 있기를 기대하고 있다.

스마트폰 중독을 예방하려면 무엇보다 너무 일찍 아이들이 스마트폰을 노출되지 않는 것이 중요하다. 식당 등 공공장소에서도 아이들을 가만히 있게 하려고 유튜브 동영상을 보여줌으로써 아이의 시선을 스크린에 멈추게 하는 경우가 있다. 이야말로 반드시 지양해야 할 부모들의 양육 방식이다. 부모가 편하자고 성장기 아이들을 스마트폰에 맡기는 것이 아닌가. 아이의 미래에 중독의 위험성, 그 동기부여를 하는 것이라는 것을 알아야 한다.

여러 번 강조하지만, 뇌가 균형 있게 발달하려면 어릴 때 오감이 골고루 자극돼야 한다. 그런데 스마트폰에 장기간 노출된 아이들은 시각과 청각에만 의존하게 되기 마련이다. 몸을 움직이거나 감정을 표현할 필요가 없다.

그렇다고 스마트폰을 갑자기 빼앗거나 무조건 혼내는 것은 올바른 훈육 태도가 아니다. 엄격하게 금지만 할 것이 아니라, 스마트폰을 대신 할 수 있는 놀이 활동으로 유도하는 것이 선행되어야 한다. 운동이나 음악, 보드게임, 가족과의 여행, 책 읽기를 추천한다. 인터넷 게임보다 더 즐거운 활동이 있다면 아이들은 흥밋거리가 높은 쪽으로 옮겨갈 것이다.

물론 부모들 이 과정에서 TV나 스마트폰 대신에 신문이나 책 읽는 모습을 보여주는 것이 중요하다. 평소 아이들이 부모를 믿고 따르는 관계가 되어야 한다.

대개 맞벌이 가정의 외동 아이가 게임중독에 빠지기 쉽다는 통계는 당연한지도 모른다. 부모가 바쁘고, 소통할 수 있는 형제나 또래가 없다면 아이는 심심하고 지루함을 피하기 위해, 게임이나 스마트폰에 빠져들게 될 것이다. 아이와의 대화하는 시간을 통해 아이들의 스마트폰 중독을 막을 수 있다.

우리 일상에는 4대 중독 요소가 아주 쉽고 위험하게 도사리고 있다. 그것은 알코올, 도박, 약물, 인터넷 중독이다. 미래 사회를 이끌어 나갈 아이들에게 이러한 중독의 위험을 예방하는 프로그램이 선행되는 것은 물론 가정과 학교가 연계하여 중독 환경에서 벗어나 건강하고 행복한 삶을 영위해 나갈 수 있도록 훈련하고 교육해야 한다.

# 아이 뇌는
# 어른과 다르다

아이의 뇌는 뇌 발달이 모두 이루어진 어른과는 전혀 다르다. 어른들은 아무리 재미있고 감동적인 영화라고 해도 반복해서 재미있게 관람하기 어렵다. 그러나 아이들은 같은 만화영화를 여러 차례 보더라도 한결같이 재미와 흥미를 보인다. 열한 번째 보여줘도 똑같이 재미있다고 할 수 있다. 유난히 좋아하는 만화영화의 경우 2~3년이 지나도록 싫증내지 않는다.

엄마가 읽어줄 책을 가져오라고 하면, 어제 그 책을 또 가져온다. 그 책이 좋기 때문이다. 아이는 책을 읽어주는 중간에도 질문이 많다. 얼른 마지막까지 읽어주고 싶은 엄마 마음은 답답하고, 책 읽기 진도가 나가지 않아서 불만스럽다. 이것은 엄마의 뇌와 아이의 뇌가 확연히 다르기 때문이다. 왜 그런지 살펴보기로 하자.

아이와 엄마가 같이 공부한다면 누가 먼저 화를 낼까? 아이가 힘들어서 먼저 화를 낼 것 같지만 엄마가 화를 낸다. 그렇다면 화를 낼 때까지 시간은 얼마나 걸릴까? 아마 5분이 지나지 않을 것이다.

설문 조사에 따르면, 30분에서 1시간 정도 가르치는 부모가 80%이고 대부분의 엄마들이 5분 이내 화를 낸다고 대답했다. 5분 이내 아이에게 화가 나는 엄마는 어떻게 30분에서 1시간이나 아이를 지도할까? 인내하면서 희생하고 헌신하는 듯하지만 그렇지 않다. 엄마는 아이에게 화난 상태에서 30분에서 1시간을 지도하면서 그동안 격양된 목소리로 가르침 반 꾸지람 반이었다는 얘기이다. 이렇게 주양육자인 엄마 아빠가 서너 살부터 강압적으로 지도했다면 아이의 뇌는 망가진다.

엄마가 벽에 '나무'라고 쓴 카드를 붙이고 "반복해서 두 번 따라 읽어!"라고 한다. 전형적인 좌뇌형 학습 지도가 시작되고, 학교에서는 좌뇌 학습으로 균형 있는 뇌 발달을 방해한다. 특히 받아쓰기같이 반복된 학습은 일시적으로 100점의 성취감을 누리기도 하지만 이로 인한 스트레스는 학습 의욕을 잃게 만든다.

100점짜리 아이를 만들고자 아우성치는 엄마나 교사라면 아이들은 힘겹기만 하다. 초등학교에 입학하자마자 더 가르칠 것을 찾아 입시생처럼 학원을 돌아다녀야 하고, 수시로 엄마가 아이에게 개입하는 교육은 아이의 두뇌를 망가뜨릴 수밖에 없다.


두 살 터울의 동생은 엄마에게 관심을 끌고자 형의 학습지를 펴 보인다.

"엄마, 나도 가르쳐주세요."

"너는 나중에. 저리 가 있어!"

오직 형의 학습 지도에 집중되어 있는 엄마는 동생을 돌볼 틈이 없다. 아이는 혼자 놀다가 잠이 든다. 형의 숙제 지도를 하고 나서야 동생이 애처로운 엄마는 잠시 반성하기도 하지만 어쩔 수 없다고 생각한다.

"내가 신경을 쓰지 않는다구? 어쩔 수 없어."

그러나 큰애가 4학년이 되면서 여러 면으로 감당이 안 되자 학원에 보내기로 한다. 그때 비로소 작은애에게 관심을 보이지만 이미 엄마 생각보다 훨씬 똑똑해져 있다.

매일 30분씩 꾸지람하면서 가르친 큰애는 전교 10등 안에 들어가야 해서 작은애를 나 몰라라 했으니 꼴찌에서 10등일 것 같지만 그렇지 않다. 작은애는 어느 틈에 한글을 깨우쳤고, 덧셈 뺄셈을 익히는데 아무런 문제가 없었다. 상상력과 창의력도 우수했던 것이다.

그러나 큰애는 엄마가 훈육한다면서 두뇌를 망가뜨리고 말았다. 이 경우 엄마가 공부하자고만 하면 아이 뇌는 5분도 되지 않아 도망가겠다고 외친다. '목이 마르다고 해', '배 아프다고 해'라고 뇌가 지시한다. 엄마가 공부하자고 한 지 5분도 안 되어 목마르다고 하고, 화장실에 가겠다고 하면서 책상에 앉아 있으려고 하지 않는다.

그러다가 큰애는 학령기에 접어들자 아예 공부와 담을 쌓았다. 큰애의 뇌 습관은 공부만 떠올리면 목이 마르고 화장실에 가고 싶어지기 때문이다. 아이 뇌를 망가뜨리는 부모가 되지 않기를 바란다.

# 스트레스가 미치는
## 영향

가장 우리 가까이 있는 불편함이 바로 스트레스이다. 스트레스는 만병의 근원이며, 공부 못하는 원인 중에 가장 크게 영향을 미친다.

병원도 원인을 모르는 질병의 대부분을 신경성이라고 하는데, 이를테면 스트레스로 인한 질병이라는 의미이다. 나는 스트레스에 대해 구체적인 연구를 시작하면서 스트레스 힐링을 위해 '행복바이러스 연구소'를 설립하기도 했다.

특히 한국 사회에서 줄세우기식 교육에 노출된 우리 아이들의 스트레스는 더 악화되고 있다. 어려서부터 작은 스트레스라도 반복적으로 노출된 아이는 결국 외상후스트레스증후군이 나타난다.

예를 들어 "엄마는 나만 미워해"라고 생각하면서 자란 아이는 지속적인 스트레스로 인해 자존감이 약해지고 청소년이 되어도 원만한 인간관계가 어렵고, 어른이 되어도 소통하지 못한다.

스트레스는 해마와 전전두피질에 영향을 미치는데, 해마는 기억 장치를 말한다 그중에서 겉피질이 상하게 되면 기억력이 약해지고 성격 통제가 안 되어 성장해서도 화를 다스리지 못한다.

무엇보다 전전두피질이 약하다면 논리적이나 양심적 사고를 하는 힘이 약해서 브로커 영역이나 베르니케 영역까지 영향을 미쳐 욱하는 성격으로 변하게 된다.

또 한 가지, 어려서부터 공부 스트레스가 많은 아이는 성장하면서 공부를 못하는 경우가 많은데 그 이유는 도피호르몬이 생성되어 '공부'라는 말만 들어도 뇌는 스트레스로 인해 도망가려고만 한다. 그래서 공부하라고 하면 물이 먹고 싶고 화장실이 가고 싶어진다.

스트레스를 받으면 누구나 좌뇌 활동이 원활하지 않다. 그래서 아이가 스트레스를 받으면 순간적인 행동 즉, 엉뚱한 행동을 하기도 한다. 우뇌적인 행동이다.

아이가 스트레스를 받았을 때 어떤 행동을 하는지 생각해 보라. 영어 단어를 외우거나 수학 공식을 외우는 아이는 거의 없다. 스트레스는 좌뇌를 닫히게 하기 때문이다. 만약에 반복적으로 스트레스 상황에 노출된다면 아이는 도피호르몬으로 인해 무조건 그 상황을 피하게 된다.

초등학교 신입생 학부모들에게 방과 후에 얼마나 공부를 시키냐고 하자 30분에서 1시간 정도라고 했다. 그렇다면 대부분의 아이들은 공부만 생각해도 도망가고 싶어질 수 있다.


초등학교 1학년 때는 받아쓰기와 독서감상문 쓰기 숙제가 있다. 대부분 받아쓰기 시험에서 한 글자를 틀렸다면 '틀린 단어만 반복해서 다시 쓰기' 숙제이다. 하지만 한 단어를 반복해서 쓰는 일은 지루해서 하기 싫다.

부모교육을 하면서 연필과 네모 칸 노트를 주고 '무궁화 꽃이 피었습니다'라고 반복해서 쓰라고 했다. 대부분 엄마들은 6행 정도 쓰고 나서 손가락을 만지면서 힘들다고 연필을 내려놓는다. 계속해서 쓰라고 하면 요령껏 쓰기 시작한다. 연필 잡는 법이 달라지고, 한 문장을 쓰지 않고 '무, 무, 무, 무'라고 세로로 써 내려가기도 한다. 아이도 "공부하라"는 엄마의 목소리만 들어도 도피호르몬이 나온다는 것을 간과해서는 안 된다.

공부 못하는 아이는 대부분 집중력이 없고 산만하다. 가만히 오래 앉아 있지도 못한다. 끊임없이 손과 발을 움직이면서 짝꿍을 귀찮게 하고, 심지어 수업시간에 돌아다니기도 한다.

이처럼 아이가 산만한 데는 이유가 있다. 습관적으로 산만하거나 또는 심리적으로 산만한 경우인데, 우선 부모가 가까이에서 훈육하지 않은 채 스크린에 장시간 노출되어 있을 가능성이 높다. 이 경우 어떤 문제를 깊이 생각하지 못하고 조금만 틈이 나면 다른 생각에 빠진다. 지나치게 행동이 많은 아이는 여러 사람이 양육한 경우이다. 놀이에는 깊이 열중하면서 제자리에 앉아 있지 못한다.

또한 자주 부부싸움을 했다면 아이는 불안감에 휩싸여서 산만한 뇌가 만들어진다. 아이를 차분하고 집중하는 아이로 만들려면 앉아 있는 습관이 필요하다. 공부를 가르치고 책을 읽어주는 것도 중요하지만 아이 보는 데서 엄마 아빠가 큰소리로 말다툼을 계속해서는 안 된다.

아이들은 어른들에 비하여 작은 일에 큰 상처를 받고 작은 일에 크게 스트레스를 받을 수 있다. 아이들의 세상은 어른들의 세상과는 다르다. 하지만 아이들은 어른들에 비하여 간단하게 스트레스를 해결하기도 한다.

　아이들은 어떤 문제를 논리적으로 풀지 않는다. 친구와 싸움을 했고, 분명 친구가 잘못했지만 엄마가 "우리 아들 착하지"라며 안아주면 언제 친구에게 스트레스를 받았는지 잃어버릴 정도이다. 엄마의 스킨십만으로도 아이의 어두웠던 마음이 금세 밝아진다는 것을 기억하기 바란다.

# 부모가 함께
# 뇌 성향 테스트


　두뇌검사 결과를 살펴보면 아이의 상황을 짐작할 수 있다.

　'이 아이는 선생님의 말씀을 잘 이해하지 못했구나.'

　'이 아이는 책을 읽었지만 건성으로 읽었구나.'

　그러나 엄마는 아이의 상태를 잘 알지 못한다. 초등학생인 아이는 주입식 암기 교육에서 성적이 100점 만점을 받을 때가 많았고 90점 아래로 내려간 적이 없었기 때문이다.

　주입식 암기 교육만으로 높은 성적을 유지할 수 있다. 뇌 발달이 우수한 아이라고 해도 암기하지 않으면 좋은 성적을 얻지 못한다. 하지만 학년이 올라갈수록 암기식 교육에 익숙한 아이는 학습능력이

떨어지고, 뇌 발달이 우수한 아이라면 학습에 흥미를 느끼고 암기는
물론 이해력도 뛰어나서 학습능력이 향상된다.

우리 동네에 미국 유학을 하고 한국에 돌아온 5살 아이 아빠가
있었다. 아이는 영어로 말하고 듣다가 한국에 돌아오면서 언어 소통
에 문제가 생겼다. 하는 수 없이 아이가 받아쓰기 시험을 볼 때마다
엄마가 예상 문제를 간추려서 가르쳤고, 비교적 높은 점수를 받았다.
그러나 아이의 국어 교육을 이런 식으로 지속되면서 언어사고력을
높일 수는 없었다.

결국 5학년 무렵, 국어 시험 결과에서 우려한 상황이 드러났다.
수학과 영어 성적은 뛰어났으나 국어와 사회 성적이 떨어지면서 향상
될 기미를 보이지 않았다. 받아쓰기 예상 문제를 공부하면서 학습에
관한 스트레스가 아이의 뇌를 망가뜨린 것이다.

엄마의 학습 강요로 인한 스트레스는 저학년 때 숨어 있다가 학
년이 올라가면서 드러난다. 누구에게나 예의 바른 아이가 유독 엄마
에게는 반항하는 아이가 되어버리기도 한다. 엄마로 인한 스트레스
가 그대로 뇌 습관으로 저장되었기 때문이다.

이렇듯 4학년 이후 스트레스로 인해 변화하지만 엄마 아빠는 그
저 받아쓰기 100점 만점에 속기 마련이다. 어릴수록 스트레스 지수
를 파악하기가 수월하다. 무엇보다 지나치게 강압적인 훈육이 이루
어졌다면 엄마 아빠가 먼저 변화되어야 한다. 아이의 두뇌 유형을 알

고자 한다면 종합 분석하는 심도 있는 두뇌검사가 필요하다.

우선 간단하게 좌우 뇌 선호도를 체크해 보자.

부부가 검사할 때 서로 상대방의 것을 검사해야 한다. 즉 부부가 바꿔서 검사해야 정확하다. 나를 가장 잘 아는 사람은 내가 아니라 남편이고, 남편을 가장 잘 아는 사람은 나이기 때문이다.

# 뇌 성향 테스트

☐ 처음 만난 사람의 얼굴을 잘 기억한다.

☐ TV나 그림책에 나오는 등장인물의 얼굴이나 장면을 세세하게 기억하고 있다.

☐ 지형, 지물이나 단어 혹은 사람 이름을 잘 외우는 편이다.

☐ 소꿉놀이나 흉내놀이를 좋아하고 이야기를 생각해 그 역할을 한다.

☐ 나무 같은 자연의 산물로 만든 것을 좋아한다.

☐ 자신이 본 TV드라마나 동화의 스토리를 사람들에게 들려주는 경우가 많다.

☐ 플라스틱이나 금속으로 만든 것에 흥미를 나타낸다.

☐ 어른들이 운동하고 있으면 흉내내려고 신체를 움직인다.

☐ 배가 고프지 않으면 식사하러 가지 않는다.

☐ 가르쳐주지 않으면 새로운 운동을 해보려고 하지 않는다.

☐ 매일 시간을 확실하게 지켜 식사한다.

☐ 언제나 사람들과 함께 식사를 하려고 한다.

☐ 야단을 맞았어도 기죽지 않고 금방 기분 전환을 한다.

☐ 혼자라도 말없이 식사를 잘한다.

☐ 야단을 맞으면 오랫동안 의기소침해 있는 편이다.

☐ 상대방에게 손짓 발짓을 섞어 이야기한다.

☐ 새로운 장난감이나 게임에 곧 흥미를 나타낸다.

☐ 새로운 장난감이나 게임에 별로 흥미가 없다.

☐ 산책 중에 주위 풍경이나 사람들을 두리번거리며 참견한다.

☐ 미니카 같은 모델이나 잡동사니를 모으는데 열중한다.

☐ 산책 중에 성급하게 걸으며 다른 것에 흥미를 보이지 않는다.

   ● 체크(√) 개수가 많을수록 우뇌 성향에 해당한다.

엄마가 행복해지는 우리 아이 뇌 습관

1.  음식은 푸짐하고 맛있는 것보다 깔끔하고 청결해야 한다.
    ① 그렇다    ② 아니다    ③ 어느 쪽도 아니다

2.  색다른 것, 바뀐 것이 있으면 어색하지 않고 호기심이 간다.
    ① 그렇다    ② 아니다    ③ 어느 쪽도 아니다

3.  연회나 파티를 좋아한다.
    ① 그렇다    ② 아니다    ③ 어느 쪽도 아니다

4.  커피숍에서 수다 떠는 것을 좋아한다.
    ① 그렇다    ② 아니다    ③ 어느 쪽도 아니다

5.  혼자서 본 영화, TV 등의 내용을 남에게 잘 이야기한다.
    ① 그렇다    ② 아니다    ③ 어느 쪽도 아니다

6.  혼자서 본 영화, TV에서 나오는 배우, 등장인물 등을 잘 기억한다.
    ① 그렇다    ② 아니다    ③ 어느 쪽도 아니다

7.  처음 사람을 만날 때 얼굴, 복장 등이 걱정이 된다.
    ① 그렇다    ② 아니다    ③ 어느 쪽도 아니다

8.  첫 대면인 상대에게서 분위기를 느낀다.
    ① 그렇다    ② 아니다    ③ 어느 쪽도 아니다

9.  글을 쓰는 것(메모하는 것)을 좋아한다.
    ① 그렇다    ② 아니다    ③ 어느 쪽도 아니다

10. 쇼핑은 계획대로 하는 편이다. 특히 세일할 때 기다렸다가 산다.
    ① 그렇다    ② 아니다    ③ 어느 쪽도 아니다

11. 학창시절에 매일 계획된 시간대로 규칙적으로 공부를 한 편이다.
    ① 그렇다    ② 아니다    ③ 어느 쪽도 아니다

12. 학창시절에 계획을 세우지 않고, 내키는 대로 공부하는 스타일이었다.

　　① 그렇다　② 아니다　③ 어느 쪽도 아니다

13. 학교 다닐 때나 지금도 책이나 메모지에 낙서를 많이 했다.

　　① 그렇다　② 아니다　③ 어느 쪽도 아니다

14. 어릴 때 소설, 전기 읽기를 좋아했다.

　　① 그렇다　② 아니다　③ 어느 쪽도 아니다

15. 물건을 사면 사용·설명서를 잘 보는 편이다.

　　① 그렇다　② 아니다　③ 어느 쪽도 아니다

16. 밥이나 술을 얻어먹고 사는 것이 자연스럽다.

　　① 그렇다　② 아니다　③ 어느 쪽도 아니다

17. 헤어스타일이나 코디를 과감하게 바꾼다.

　　① 그렇다　② 아니다　③ 어느 쪽도 아니다

18. 꾼 꿈이 희미하여 무엇을 꿨는지 잘 기억이 나지 않는 경우가 많다.

　　① 그렇다　② 아니다　③ 어느 쪽도 아니다

19. 상대방이 말을 할 때 숫자나 사물에 대한 기억을 잘한다.

　　① 그렇다　② 아니다　③ 어느 쪽도 아니다

20. 내 아이나 남편(부인)이 먹던 음식이라도 먹기가 좀 그렇다.

　　① 그렇다　② 아니다　③ 어느 쪽도 아니다

21. 세워놓은 계획에 약간 차질이 있더라도 처음대로 추진한다.

　　① 그렇다　② 아니다　③ 어느 쪽도 아니다

22. 어떤 일을 할 때 미루었다가 급하게 처리하는 편이다.

　　① 그렇다　② 아니다　③ 어느 쪽도 아니다

23. 결론을 내야 하는 일에 '좋은 게 좋은 것'이라는 사고방식으로 쉽게 생각할 때가 있다.

　　① 그렇다　② 아니다　③ 어느 쪽도 아니다

24. 회의에서 일단 결론이 나오면 안심한다.

　　① 그렇다　　② 아니다　　③ 어느 쪽도 아니다

25. 책상 위가 깨끗이 정리되어 있지 않으면 마음이 불쾌하다.

　　① 그렇다　　② 아니다　　③ 어느 쪽도 아니다

26. 책상 위가 어느 정도 어지럽혀 있는 것과 일의 능률과는 별개라고 생각한다.

　　① 그렇다　　② 아니다　　③ 어느 쪽도 아니다

27. 여행을 갈 때는 계획을 세워놓고 가는 것이 마음이 편하다.

　　① 그렇다　　② 아니다　　③ 어느 쪽도 아니다

28. 여행은 계획 없이 가는 것이 더 재미있다고 생각한다.

　　① 그렇다　　② 아니다　　③ 어느 쪽도 아니다

29. 가족과 대화하는 시간이 많다.

　　① 그렇다　　② 아니다　　③ 어느 쪽도 아니다

30. 가족 단위의 여행, 스포츠, 게임을 좋아한다.

　　① 그렇다　　② 아니다　　③ 어느 쪽도 아니다

31. 자신이 하는 말이나 행동이 혹 다른 사람에게 부담을 주지 않을지 걱정된다.

　　① 그렇다　　② 아니다　　③ 어느 쪽도 아니다

32. 상대방의 안색이 좋지 않으면 농담이나 유머로 기분 전환을 시키는 일이 많다.

　　① 그렇다　　② 아니다　　③ 어느 쪽도 아니다

33. 새로운 유행은 어쨌든 따라 해보고 싶다.

　　① 그렇다　　② 아니다　　③ 어느 쪽도 아니다

34. 새로운 유행을 쫓는 것은 경박스럽다고 생각한다.

　　① 그렇다　　② 아니다　　③ 어느 쪽도 아니다

35. 단 한 번 만났던 사람이라도 얼굴을 기억한다.

① 그렇다　② 아니다　③ 어느 쪽도 아니다

36. 만난 적이 있는 사람이 내 이름을 기억하지 못하면 기분이 나쁘다.

① 그렇다　② 아니다　③ 어느 쪽도 아니다

37. 책은 일단 사면 재미가 있든 없든 처음부터 순서대로 읽는 편이다.

① 그렇다　② 아니다　③ 어느 쪽도 아니다

38. 책보다 만화책을 좋아한다.

① 그렇다　② 아니다　③ 어느 쪽도 아니다

39. 새로운 가게가 생기면 가보고 싶은 충동이 있다.

① 그렇다　② 아니다　③ 어느 쪽도 아니다

40. 단골 가게에 가면 마음이 편안하다.

① 그렇다　② 아니다　③ 어느 쪽도 아니다

41. 작은 일이라도 마감 전에 완성하지 못하면 불안하다.

① 그렇다　② 아니다　③ 어느 쪽도 아니다

42. 모든 일을 몰아쳐서 하는 습관이다.

① 그렇다　② 아니다　③ 어느 쪽도 아니다

43. 컴퓨터나 로봇을 보면 조작해 보고 싶다.

① 그렇다　② 아니다　③ 어느 쪽도 아니다

44. 컴퓨터나 로봇(기계나 장비)을 보면 위화감을 먼저 느낀다.

① 그렇다　② 아니다　③ 어느 쪽도 아니다

45. 새로운 길을 찾아갈 때 미리 정확하게 알고 간다.

① 그렇다　② 아니다　③ 어느 쪽도 아니다

46. 나만이 아는 메모를 한다(기호나 그림 등으로)

① 그렇다　② 아니다　③ 어느 쪽도 아니다

47. 어려서 내 모습은 고집이 센 편이었던 것 같다.

① 그렇다　② 아니다　③ 어느 쪽도 아니다

엄마가 행복해지는 우리 아이 뇌 습관

48. 소설보다 시집을 읽는 것을 좋아한다.

    ① 그렇다   ② 아니다   ③ 어느 쪽도 아니다

49. 읽기 시작한 책이 어렵다는 생각이 들면 읽는 것을 포기한다.

    ① 그렇다   ② 아니다   ③ 어느 쪽도 아니다

50. 어려운 책이라도 끝까지 읽으려고 한다.

    ① 그렇다   ② 아니다   ③ 어느 쪽도 아니다


● 채점

먼저 체크한 답을 채점하여 [그렇다 : 2점, 아니오 : 1점, 어느 쪽도 아니다 : 0점] R(Right : 우뇌)형, L(Left : 좌뇌)형의 문제별로 R, L을 합하여 점수를 낸다.

  - R형 (문제 번호) : 2, 3, 6, 8, 9, 12, 13, 16, 18, 19, 22, 23, 26, 28, 30, 32, 33, 35, 38, 39, 42, 43, 46, 48, 49

  - L형 (문제 번호) : 1, 4, 5, 7, 10, 11, 14, 15, 17, 20, 21, 24, 25, 27, 29, 31, 34, 36, 37, 40, 41, 44, 45, 47, 50


● 평가

  - R형의 문제는 우뇌 사고의 경향을 조사하는 것이고, L형의 문제는 좌뇌 사고의 경향을 조사하는 질문이다.

  - R, L형의 문제별로 합계한 점수의 차가 6점 이하라면 균형이 잡힌 좌우 뇌형 타입이다.

  - R보다 L이 크고 점수의 차이가 7점 이상이면 우뇌보다 좌뇌를 더 많이 사용하는 경향이 있는 좌뇌형(디지털형) 타입이다.

  - 반대로 L보다 R이 7점 이상 많은 사람은 우뇌를 보다 많이 사용하는 경향이 있는 우뇌형(아날로그형) 타입이라고 할 수 있다.

# 뇌가 성적사이클을
# 결정한다

열심히 공부하는 아이는 성적이 오르지 않고, 공부도 하고 놀기도 하는 아이의 성적은 상위권이라면 왜 그럴까? 두뇌검사에서 성적사이클을 보면 학업성취도가 다른 이유를 알게 된다.

최상위 성적인 아이, 또 과외공부를 하면서 최하위 성적을 벗어나지 못하는 아이, 어떤 아이는 10등 안에 들겠다고 시험 때마다 밤샘을 하지만 중간 성적을 면치 못해 안타깝다.

학습에서 집중력은 선행 조건이다. 5분밖에 집중하지 못하면 성적이 오르기 어렵고, 제아무리 똑똑해도 어떤 노력도 하지 않는다면 예외여야 한다. 이를 개선하려면 종합적인 두뇌와 집중력의 관계를 살펴보아야 한다.

뇌교육 강의를 들으려고 주차하다가 남의 차를 긁었다고 가장해보자. 상대 차가 수입차라면 더욱 머릿속이 온통 주차 당시에 머물러 있기 마련이다. 강의를 들으려고 해도 들을 수 없고 차 생각으로 가득하다. 사고 처리를 어떻게 하나, 비용은 얼마나 나올지, 보험 처리를 해야 하는데 등등 마음이 복잡하기만 하다.

이처럼 복잡한 상태로 앉아 있는 뇌는 산만한 뇌 상태의 집중력과 유사하다. 스트레스를 받은 아이의 뇌도 이와 같다. 산만한 아이가 학습능력이 떨어지는 이유이기도 하다. 수업시간에 선생님의 말씀을 듣지 않고 다른 생각으로 가득차 있는 것이다. 이처럼 아이의 뇌 상태에 따라 성적사이클이 결정된다.

뇌 발달 시기가 지난 초등학교 고학년 아이의 학업성취도는 10세 이전 아이에 비해 성적사이클이 낮다면 서둘러 개선하려는 노력이 필요하다. 특별히 놀랄 만큼 집중력이 향상되기도 하지만, 이는 뇌 발달 시기에 잠재된 능력이 뒤늦게 드러났다고 본다. 그만큼 10세 이전에 뇌교육이 기본이 되지 않는다면 이후 뇌 발달은 활발하지 않다.

성적사이클은 어느 한 부분이 향상된다고 해서 가능한 것이 아니다. 전인적인 사고를 목표로 균형 있게 뇌 발달이 이루어질 때 바람직한 결과가 나온다. 또한 스트레스 정도가 심하지만 뛰어난 성적사이클을 보여준다고 한다면 살펴보아야 한다.

그렇다면 성적사이클 방해 요인은 무엇일까?

공부시간에 멍 때리는 아이가 있다면 수면습관이 잘못되어서 그럴 수 있고, 산만해서 그럴 수 있다. 아무튼 학습성취도가 낮다. 특히 컴퓨터나 TV 시청에 지나치게 노출되었다면 공상이 많을 수 있다. 사소한 일에 투정을 부리고 자주 짜증을 부리는 아이는 그 원인을 찾아서 아이에게 안정감을 주면서 학습지도를 병행해야 한다. 어른도 그렇지만 아이는 스트레스가 심화되면 좌뇌가 닫히고 공부하는 뇌도 닫힌다.

뇌 발달 시기에 책을 읽어준 아이의 이해력은 높다. 들어야 말하고 읽어야 쓴다는 개념이 그대로 독서에 적용된다. 소셜네트워크와 스마트폰의 만연으로 책에서 멀어지고 단순한 정보 검색에 국한된 읽기는 참된 독서와는 구별된다.

우리 사회는 독서 전쟁을 선포했다고 해도 과언이 아니다. 지금까지 그래왔듯이 독서는 다음세대의 국가 경쟁력과 직결되기 때문이다.

그러므로 뇌 발달 시기에 책 읽어주기는 초등학교 5, 6학년이 되어서도 성적사이클을 올리는 데 영향력을 미친다. 엄마 아빠가 책을 읽어주고 아이가 듣고, 이처럼 잘 듣는 아이는 발표력이 뛰어나다.

어느덧 스스로 독서하기 시작하면서 글쓰기가 가능해지고, 충분한 독해력은 사물이나 상황을 이해하는 능력까지 향상되어 학습효과가 뛰어나다.

책 읽어주는 시기를 놓쳐서 책 읽기를 싫어한다면 어떻게 할까? 만화 읽기도 괜찮다. 글의 양이 적은 반면 지문과 대화체를 그림과 함께 읽는 만화책은 또 따른 독서의 세계이다.

특히 일기는 글쓰기 훈련뿐만 아니라 하루 일과를 정리하면서 사유하는 습관을 길러준다. 또한 일기를 쓰다보면 집중력이 생기면서 학습욕구에 영향을 준다. 일기 쓰기는 그날의 느낌과 상황을 글로 남기는 것이다. 건성으로 배끼듯이 쓴다면 아무 소용없다.

# 기억은 저장되고
# 삭제된다

인간의 DNA는 유전적이다. 부모의 쌍꺼풀은 아이에게 유전될 확률이 높다. 부모의 키가 크면 아이 키가 크고, 곱슬머리도 유전적이다. 실제도 앉아 있거나 걷는 습관이 부모를 닮은 경우가 많다.

두뇌는 그렇지 않다. 어디서 어떻게 태어나서 누구와 살아가고 있는지에 따라 뇌 발달 상태가 다르다. 말하고 생각하고 행동하는 것, 먹고 마시고 잠자는 행위까지 각각 다르게 영향을 줄 수 있다. 뇌 발달 시기에 늑대 무리에서 살면 늑대처럼 행동하고, 들개 무리에서 살면 들개처럼 행동하는 이유이다.

그러나 늑대나 들개가 사람들 속에서 10년을 같이 산다고 해서 사람처럼 행동하지는 않는다. 동물은 태어나자마자 아주 빠르게 필요한 뇌가 발달한다. 사람의 뇌 발달 속도와는 차이가 심하다. 개는 3개월이면 뇌 발달이 끝나서 독립적으로 살아갈 수 있다. 생후 3개월이 지나면 동물의 원래 습성대로 살아가기 때문에 늑대 새끼인지 호랑이 새끼인지 쉽게 구분이 가능하다.

인간은 태어나서 이마 쪽 뒷부분으로 두뇌가 발달하기 시작하는데 동물과는 달리 발달 속도가 느리다. 만 3년이 지나야 좌우 뇌가 구분되고, 8년이 지나면서 언어교육이 가능하도록 측두엽이 발달하고, 10살 무렵에 복잡하고 다양한 것들을 생각할 수 있는 두정엽이 발달한다. 13세가 지나야 후두엽이 발달한다. 이렇듯 사람의 뇌는 10년에 걸쳐 주변 환경과 조건에 영향을 받으며 발달한다.

　엄마에게 내 아이는 말을 해도 천재 같고, 걷기만 해도 천재 같아서 어릴수록 자랑거리가 많다. 어느덧 10살이 지나면서 저마다 문제를 드러내기도 하고 재능을 드러내기도 한다. 수학을 잘하는 줄 알았는데 운동에 소질이 있고, 친구들과 어울리기만 좋아하는 줄 알았는데 노래도 잘한다거나, 참을성이 없고 산만해서 걱정거리였는데 그림에 소질이 뛰어나다는 것을 알아차린다. 내성적인 줄 알았는데 활발하게 뛰어노는 외형적인 아이이기도 하다.

　그래서 유아기 성격을 '가짜 성격'이라고 하고 가짜 성격은 10살까지 지속된다. 10살이 넘어야 정말 공부를 잘하는지, 인성이 바른지, 리더형인지 참모형인지 알 수 있다.

　1학년 반장 선거에서 아이들 30명 중에 25명은 반장이 될 수 있다고 생각한다. 자신이 어떤지 파악하지 못했다는 것을 의미한다. 리더십이 뛰어난 애가 한 반에 25명이나 되지는 않을 것이다.

　그래서 유치원생이거나 초등학교 1학년 때 아이를 어떻다고 규정해서는 안 된다. 유아기에 부모 취향대로 강요하거나 주입해서 아이 뇌를 망가뜨리면서 '크면 잘할 거야'라고 스스로 위안하지 않기를 바란다.

　유아기부터 10살 이전까지 공부하는 뇌를 만들어야 한다. 이 시기에 보고 들은 내용들은 3개월 정도 뇌에 저장되어 있다가 말이나 글, 행동하는 뇌로 만들어진다. 산만한 아이는 학년이 올라갈수록 성적이 떨어지게 되는 것도 수업 내용이 저장되지 않기 때문이다.

수업시간에 책에 낙서를 하거나 손이나 발 장난을 하고, 멍 때리거나 딴짓을 하는 아이, 공상으로 가득차 있는 아이는 선생님의 가르침이 뇌에 저장될 리 없다.

그런데 수업 태도가 바르지 않더라도 이해하는 아이도 있다. 엎드려서 낙서하고 있던 아이에게 "지금 선생님이 뭐라고 했지?"라고 질문하자 뜻밖에 수업 내용을 정확하게 말했다.

이럴 때 어떻게 할 것인가? 수업 태도가 나쁘다고 꾸지람을 하기보다 왜 엎드려 있었는지 아프지 않은지 물어보는 것이 옳다.


우리는 낮에 보고 듣고 읽은 내용을 대뇌피질에 저장했다가 잠잘 때 해마에 저장한다. 측두엽 안에 있는 해마는 새로운 사실을 학습하고 기억하는 기능을 하는데, 손상되면 새로운 정보를 기억할 수 없다. 알츠하이머 같은 뇌질환 환자의 경우 가장 먼저 손상되는 곳이 해마이다.

기억이 만들어지려면 정보가 들어와야 한다. 보고 듣고 냄새 맡고 맛보고 접촉하는 등의 감각 정보가 뇌에 들어오고, 이 정보들이 서로 조합하면서 기억이 만들어진다. 이후 해마가 기억 활동을 맡는데, 뇌로 들어온 감각 정보를 단기간 저장하다가 대뇌피질로 보내 장기기억으로 저장하거나 삭제하는 일이다. 단기기억에 저장 내용은 하루나 이틀만 저장되었다가 삭제되지만 장기기억은 그보다 훨씬 오래 기억한다.

어떤 기준으로 단기기억 또는 장기기억에 저장할까? 수업시간에 딴짓을 하느라고 집중하지 못한 아이의 수업 내용은 단기기억에 저장되었다가 삭제되지만 집중력 있게 수업을 들었다면 장기기억에 다시 저장된다.

같은 교실에서 같은 선생님에게 수업을 듣고 시험을 치루지만, 어떤 아이는 "전혀 배운 적이 없는 문제가 나왔어요"라고 해서 어이없게 만든다. 이 아이가 학습한 내용은 딴짓을 하느라고 단기기억에 저장되었다가 삭제되었던 것이다.

기억을 형성하는 정보 이동은 주로 밤에 이뤄진다. 따라서 학습 능률을 올리려면 밤에 잠을 푹 자는 것이 좋다

# 행복해지는 경험이 필요하다

선생님들이 농담삼아 하는 말이 있다. 북한이 쳐들어오지 못하는 이유는 '한국에 중학생이 있어서'라는 것이다. 우스갯소리지만 이 말이 왜 나왔을까?

청소년기에 전두엽 중 신경세포의 가지치기가 시작된다. 그동안 마구 뻗쳐 있던 신경세포에서 불필요한 부분을 제거하는 것이다.

전두엽은 유인원과 구분되는 통찰력을 발휘하는데 큰 역할을 한다. 계산 결과를 기억하거나 책을 읽다가 중단해도 다시 읽을 부분을 기억해내는 기능이기도 하다. 스스로 느끼고 생각하고 행동한 다음에 무엇을 할지 계획하는 능력이다.

대뇌에 가장 넓게 차지하고 있고, 정수리 중심을 기준으로 앞쪽에 있다. 주의, 통제 등 집행 기능뿐 아니라 운동 반응을 선택하고 개시하거나 억제하는 일에도 관여한다.

또한 전두엽은 살아가는데 중요한 성격을 규정한다. 만약에 전두엽이 손상되면 성격이 바뀐다고 한다. 뇌의 변화가 성격에 영향을 미친다는 의미이다. 그래서 전두엽의 변화가 일어나는 시기인 청소년기를 질풍노도의 시기라고 하는 것이다.


청소년기에는 우선 엄마나 아빠가, 또는 형이나 언니가 내 편인지 네 편인지가 중요하다. 엄마 아빠가 내편이라고 생각하는 아이는 비교적 문제가 없다. 그런데 엄마가 내편이 아니고 아빠가 내 편이 아니라고 생각한다면 어떨까?

전두엽의 신경세포 가지치기가 시작될 때 중요한 요소를 남기고 가지치기를 해야 하는데, 거꾸로 남아 있어야 할 중요한 요소를 가지치기 하는 결과를 가져온다. 공부하는 기능만 가지치기 했다면 운동도 잘하고 노래도 잘하는데 공부에 관심이 없다. 또 공부하는 기능만 남기고 가지를 치게 되면 공부 외에 놀이나 운동에는 관심이 없는 아이가 된다.

청소년기에 풍부한 독서 경험이나 다양한 현장 경험을 해야 하는 것도 이 때문이다. 교육적으로 주입식이거나 암기를 시키거나 논리적으로 설득한다고 해서 뭐든지 가능한 건 아니다.

아이는 좋아하는 연예인 사진들을 방안 가득 붙여놓거나, 좋아하는 가수의 음악을 종일 듣고 싶어한다. 바다가 좋고 수영이 좋은 아이는 물속에 있는 시간이 행복할 뿐이다. 이처럼 마냥 행복해지는 경험이 있어야 탐구하고 도전하고 오래 하고 싶다.

뇌는 유전적 요인이나 교육의 영향만 받는 것이 아니다. 머리 부상, 출산 과정의 사고 또는 임신 기간 중의 음주, 흡연 등과도 깊이 연관된다. 출산할 때 뇌 손상을 입었다면 어떠할까? 임신 기간에 음주나 흡연 등도 아이 뇌에 영향을 준다.

인격장애자인 사이코패스의 경우, 뇌의 두 군데가 일반인의 뇌와는 차이가 있었다고 한다. 범죄학자나 심리학자들이 폭력적 가정환경이나 어머니와의 애착부족 등을 폭력 범죄의 원인으로 삼았다가 신경생리학적으로 해석하는 쪽에 더욱 설득력을 얻었다고도 한다.

사회 문제가 되는 주의력 결핍이나 과잉행동장애도 전두엽 이상이 그 원인이다. 오래 전에 극장에서 상영된 영화 <뻐꾸기 둥지 위로 날아간 새>의 주인공에게 전두엽 절제술이 시행되었는데 이는 정신

엄마가 행복해지는 우리 아이 뇌 습관

병 치료 목적이었다.

이 수술이 있은 후 근심이나 걱정, 불안이나 우울한 감정은 호전되는 반면 의무감이나 공감력이 떨어지고 도덕이나 정의에 대해 아무 관심이 없어지는 것으로 나타난다.

전두엽은 아이의 집중력은 물론 학습성취도같이 일관성 있는 생각과 행동에 관련되며, 전인적인 사고와 계획을 가지고 일을 수행하고자 할 때도 그 역할이 필요하다.

그러므로 전두엽이 빠르게 발달하는 3살에서 6살까지 아는 뇌를 만드는 지식교육만이 아니라 사람답게 살아가는 데 쓰는 뇌를 만드는 인성교육도 중요하다.

# 우리 아이 뇌 습관 Q&A

**Q. 집 밖에서 말을 안 해요. 왜 그럴까요?**

다솜이는 차분하면서 고분고분하게 말을 잘 듣는 6살 외동딸입니다. 집에서는 애교가 많고 엄마에게 조잘거리며 이야기도 잘해요. 어릴 때 낯을 많이 가리기는 했지만 나를 닮아서 그런지 내성적이라 크게 신경 쓰지 않았어요.

엄마와 책 읽는 것을 좋아하고 한글도 일찍 읽어서 가족들을 기쁘게 했어요. 집에서도 그림그리기, 만들기 등 혼자 잘 놀고 같이 외출을 해도 얌전하게 엄마 옆에서 기다려서 나에게는 그저 착하고 예쁜 딸이에요. 이런 제 딸아이가 문제가 있을 것이라곤 전혀 생각하지 못했어요.

처음 어린이집에 갈 때도 걱정을 안 했어요. 그냥 여느 아이들과 같다고 생각했으니까요. 어린이집에서는 소극적이더라도 집에서는 적극적이고 말도 잘해서 문제라고 느끼지 못한 것 같아요.

**A. 이러한 아이들을 가리켜 '안방 호랑이'이라고 합니다.**

집안에서는 말도 잘하고 웃기도 잘하는데 집 밖에서는 전혀 다른 아이가 되는 경우, 내성적이라서 그렇습니다. 유사한 아이를 상담하면서 내성적이라서 그럴 수 있다고 하면 엄마는 유치원에서만 말을 안 하는 건 선생님들에게 문제가 있는 게 아니냐고 항의하십니다. 선생님이 아이를 주눅 들게 했다고 의심하는 것이지요. 그렇지 않습니다.

이 아이의 뇌를 검사했더니 협응력과 시각적 통찰력이 떨어지는 반면에 열정지수는 높다고 나옵니다. 이것이 원인입니다. 욕구가 많은 아이는 집안에서는 호랑이 같아도 집 밖에서는 고양이 같아집니다. 마음이 여리고 내성적이어서 생각처럼 행동이 되지 않습니다. 특히 5~6세 무렵에는 성격 형성이 미처 되지 않아서 더 격차가 심하지요.

아이들은 성장하면서 성격이 나타납니다. 이 아이처럼 눈물이 많고 새로운 환경이나 어둠에 대해 겁이 많을 수 있습니다. 성격은 성장해도 크게 변하지 않습니다. 이렇게 승부욕이 강하고 열정지수가 높으면서 내성적인 아이는 제대로 성격을 파악하기가 어렵습니다. 아이 자신도 학년이 높아가면서 학교생활에서 스트레스를 받고 사회생활에서도 적응하는 데 힘들어하지요. 그럼, 어떻게 해야 할까요?

자칫 목소리가 크고 활동적인 아이가 리더십이 있다고 판단합니다. 이 아이처럼 내성적이고 소심한 아이는 무조건 리더십이 부족하다고 단정짓기도 하구요. 잘못된 생각입니다.

내성적인 아이는 자신이 말하는 것보다 남의 말에 귀를 기울입니다. 소극적인 반면 성실하기 때문에 자신에게 주어진 일을 꾸준히 해냅니다. 활달한 아이는 자기중심적인 반면에 내성적인 아이는 주변 친구들을 포용하는 능력이 있습니다.

아이의 성격에서 단점으로 보던 것을 장점으로 바꾸어 말하는 엄마가 되기를 바랍니다. 21세기는 창의적인 사고와 유연한 인성을 필요로 합니다. 따라서 아이의 특성을 잘 관찰하면서 그대로 인정하고 그대로 칭찬하면 좋겠습니다.


**Q. 아이에게 최선을 다하고 싶은데, 남편이 치맛바람이라면서 지나치다고 해요.**

## A. 부부가 함께하는 영향력이 아이에게 최고의 교육입니다.

엄마는 자아인식의 기초, 아빠는 사회성의 기초를 만들어주는 존재입니다. 아이에게 서로 다른 영향력을 준다는 의미입니다.

세대별로 급격히 가치관이 바뀌고 있습니다. 이제 내 아이만 최고로 키우고 싶었던 결과 중심의 교육 가치는 무너졌고, 치열하게 경쟁하면서 성공하겠다는 성공지상주의도 사라지고 있습니다. 하지만 변함없이 아빠 육아보다 엄마 육아가 주도적입니다.

문화센터, 유치원이나 어린이집 학부모 모임 또는 SNS를 살펴봐도 요즈음 양육문화는 대단합니다. 심리학자의 강의를 듣기도 하고, 엄마들끼리 정보를 공유하면서 오히려 아이에게 소홀한 건 아닌지 불안해하기도 합니다.

어떠하든지 어머니는 위대하다는 신념은 존중되어야 합니다. 엄마의 양육 원칙은 아이의 삶, 미래의 행복을 좌우하고, 더구나 엄마와 아이는 이미 태내기부터 탯줄로 많은 것이 공유된 인격이라는 점에서 절대 가치를 지녔다고 봅니다.

가능하면 교육의 가치를 부부가 함께 공유하면서 엄마 아빠의 좋은 습관이 아이에게 건강하고 행복한 미래를 예비해주길 바랍니다.

아이가 상식적이지 않다면 나아가 사회생활에 적응력이 떨어지게 됩니다. 그것은 좌뇌와 우뇌가 서로 교류하면서 모든 정보를 분석, 통합해야 하는데, 좌우 뇌가 고르게 발달하지 못하고 균형이 깨져 있다면 뇌에 입력된 정보 처리에 문제가 발생합니다. 균형있는 뇌 발달을 위해 무엇보다 미각, 촉각, 정각, 시각, 전정감각, 위치감각 등이 자극되도록 놀이교육에 관심을 기울이시기 바랍니다.

20세기 뇌과학 역사는 이렇듯
좌뇌와 우뇌가 독립적으로 작동할 수 있다고 정의하면서
하나의 머릿속에 두 개의 정신이 존재할 수 있다고도 합니다.
좌우 뇌가 어떻게 소통하는지
꾸준히 연구가 진행되고 있습니다.

**PART 3**

# 좌우 뇌는 서로
# 협력한다고 해요

# 좌우 뇌는
# 따로 같이 활동한다

로봇은 기능적으로는 우수하다. 앞으로 로봇공학이 발전할수록 인간지능 로봇의 세계는 어디까지 발전할지 가늠하기 어려울 정도이다. 인공, 즉 사람의 지능과 능력으로 재창조한 로봇에게 통계적으로 양질의 정보들이 입력되었다는 의미이기도 하다.

하지만 아직까지 인공지능은 인간의 이성적 능력의 핵심 내용에는 다가가지 못했다. 앞으로도 구현될 가능성은 아주 희박하다. 예를 들어 우리 뇌는 좌우 반구이다. 그 사이에 몇몇 신경다발로 연결되어 있으며 좌우 뇌의 기능은 서로 다르다. 지능은 인간의 뇌 중 좌뇌에 해당하는데, 논리적이고 체계적이며 기억하고 말하고 공부하는 뇌라고 하면 이해하기 쉬울 것이다.

노벨 의학상 수상자 로저 스페리는 제자 마이클 가자니가와 함께 실험을 했는데, 좌우 뇌가 분리된 환자에게 오른쪽 눈에 물건을 보여

주면 이름을 말했지만, 왼쪽 눈은 물건을 구별하지 못했다고 한다. 물건이 오른쪽 눈에 비춰지면 왼쪽 뇌가 해석하고, 왼쪽 눈의 물체는 오른쪽 뇌가 해석하기 때문이다. 좌우 뇌가 다른 역할을 한다는 것을 증명한 셈이다.

인디애나 대학의 신경해부학자 질 테일러는 37살에 뇌졸중으로 응급실로 실려 갔고, 그녀의 상태는 심각했다. 좌뇌의 언어중추가 망가진 것이다. 이후 8년간 재활치료를 하면서 회복하는 과정에 놀라운 체험을 했다. 정신과 언어 기능을 되찾아 가면서 말로 표현할 수 없는 행복감이 사라지는 것을 깨달았다.

그녀의 좌뇌 기능이 마비되었을 때는 미래에 대한 걱정이 없고 현재에 충실할 수 있었다. 그런데 좌뇌가 회복되면서 분석하고, 따지고, 판단을 내리고, 미래를 걱정하기 시작했던 것이다. 좌뇌를 조금씩 쉬게 하는 것이 평안을 누리는 방법이라고 그녀는 전했다.


좌우 뇌의 기능은 협력한다. 설령 한쪽 뇌를 다쳤을 때 반대쪽 뇌가 상실한 기능을 업그레이드하면서 새로이 발전시킨 사례들이 있다. 타고난 성향이나 기질에 따라 좌뇌형이니 우뇌형이니 말하지만 언어 사고인 단어와 문법은 좌뇌 역할이지만 억양을 통해 감정을 전달하는 것은 우뇌이다. 두 기능이 서로 협력하지 않으면 문장이든 말이든 제대로 전달되기 어렵다.

우뇌는 감성적인 영역이어서 사람의 눈을 보아 그 사람의 마음을 읽는다. 입력된 것을 여러 가지 각도에서 생각하고 행동하는 창의력,

예술적인 것 특히 인성에 관련된 내용은 대개 우뇌 영역이다.

이렇게 좌우 뇌로 나누어져 협력하는데, 좌뇌 영역 중심으로 활동하는 것이 인공지능 로봇이다. 사람은 좌뇌만으로는 로봇을 이기기 어렵다. 바둑 역시 여러 경우의 수를 입력한 알파고를 이길 수 없다는 사실이 방송된 적이 있다. 세계가 떠들썩했다. 과학의 힘에 대단해서 두렵기도 하면서 앞으로는 다양한 분야에서 사람이 하던 일을 로봇이 대신하게 된다는 세상이 무엇인지 알고 싶기도 하다.

그런데 인공지능 로봇은 사람의 일을 하는데 아무 문제가 없을까? 로봇은 좌뇌형이어서 창의성이나 인성이 있을 리 없다. 데이터와 통계로 입력된 정보에 의해 활동할 뿐이고, 데이터보다 진화하거나 발전하는 예기치 못한 창조적인 역할이 일어나지는 않는다.

이렇게 순간순간 진화하면서 변화에 적응하는 인간을 대신할 무엇도 세상에 존재하지 않는다. 그래서 4차 산업혁명 시대는 창의성과 인성에 포커싱된 교육이 이루어져야 하고, 다양한 세계관과 직업이 창출될 것이다.

4차원 시대는 코딩의 영역과 밀접하다. '코딩'이란 단어는 '코드'에서 유래되었는데, 3차원 시대가 인터넷망을 구축하여 사람과 사람이 소통했다면 이제 모든 사물과의 소통이 융복합적으로 이루어져 하는데, 그러려면 코딩의 원리를 알아야 한다.

코딩은 논리적이고 말과 글에 유연해야 한다. 우리는 엄마에게 '밥 주세요'라고 하면 밥뿐만 아니라 갖가지 반찬과 밥 그리고 국도 식탁에 차려주신다. 그러나 로봇은 밥만 주기 때문에 소통하려면 논리적인 좌뇌 영역을 더 발전시켜야 한다.

20세기 뇌과학 역사는 이렇듯 좌뇌와 우뇌가 독립적으로 작동할 수 있다고 정의하면서 하나의 머릿속에 두 개의 정신이 존재할 수 있다고도 한다. 좌우뇌가 어떻게 소통하는지 꾸준히 연구가 진행되고 있다.


## 짝을 이루는
# 좌우 뇌


뇌 구조는 복잡하다. 우선 용어가 익숙하지 않다. 전두엽, 후두엽, 측두엽, 두정엽, 간뇌, 소뇌, 뇌간 등. 따라서 부모가 아이를 위해 뇌 지식을 모두 습득할 필요는 없다. 그러나 내 아이를 위한 뇌교육 이야기라면 어떠할까?

두뇌는 좌우로 나누어 대칭되는 2개의 반구 모양이다. 과거에는 좌우 뇌가 같은 역할을 한다고 했으나, 1950년 로저 스페리 박사가 간질(발작하는) 환자를 통해 좌뇌와 우뇌의 역할이 다르다는 것을 밝혔다.

로저 스페리는 제자 마이클 가자니와 함께 '분할 뇌의 실험'을 통해 이를 증명한 것이다. 좌우 뇌를 연결하는 2억 개의 신경 섬유 다발로 된 뇌량이 있다는 것도 이때 밝혀졌다.

이 실험은 좌우 뇌의 사고력을 조사하면서 좌우 뇌는 각각 의식적인 고유의 사고 형태와 기억 능력을 갖고 있다는 것을 알았다. 좌우 뇌는 기본적으로 전혀 다르게 사고한다. 좌뇌는 언어로, 우뇌는 감각적으로 생각한다.

이같이 좌우 뇌는 서로 짝을 이루는 관계이면서, 좌뇌는 언어와 논리적인 사고 영역이고, 우뇌는 언어로 바꾸기 어려운 예술적 감각이나 오감 등을 다룬다. 언어로 알 수 없는 느낌일 것이다.

뇌량을 제거한 분활 뇌 환자는 언뜻 정상적인 사람과 다를 바 없다고 한다. 그러나 마치 한 몸에 두 사람이 있는 듯한 행동을 한다. 왼쪽 눈으로는 글자를 읽지 못하면서 오른쪽 눈으로는 글자를 읽고 숫자 계산을 한다. 또 오른손으로 물건을 만지지만 무엇인지 몰라서 언어로 전달하지 못하고, 왼손으로 만지면 언어로 전달했던 것이다.

이와 같은 분할 뇌 환자는 외계인손증후군이 나타난다. 외계인손증후군은 말 그대로 자신의 손을 생각대로 통제하지 못한다. 누군가 주의를 끌게 하기 전까지 자신의 손이 무엇을 하는지 인지하지 못한다. 평상시 일반인과 다름이 없다가도 간혹 한 몸인데 두 마음같이 행동한다.

TV를 보던 환자가 왼손으로 TV 채널 7 리모컨을 눌렀다면, 오른손은 다시 채널 9로 바꾸고, 왼손은 다시 7로 바꾸는 일이 일어난다. 결국 왼손과 오른손이 리모컨의 다른 채널을 누르려고 하는 것이다.

또 유치원에서 돌아오는 아이를 안아주고 싶은데 한 손은 아이를 밀어내기도 한다.

이러한 증세는 좌우 뇌가 뇌량을 통해 협력하지 못해서 나타난다. 좌뇌 시신경은 신체 오른쪽을 관장하나 우뇌 시신경은 좌측 신체를 담당한다. 뇌출혈로 우뇌를 다친 경우 왼쪽 몸을 사용하는데 불편하며, 기억을 저장하거나 감정 조절이 안 된다. 좌뇌 손상을 입은 경우 오른쪽 몸에 장애가 생기고 언어 장애도 두드러진다.

뇌졸중으로 한 쪽 뇌 기능을 잃은 환자를 관찰하면, 언어 장애는 없지만 이성적인 판단이 어렵거나 이성적 판단은 정상적인데 언어 장애가 심한 경우가 있다. 이를 통해 좌우 뇌의 역할을 이해할 수 있다.

좌뇌 이상이 생기면 우뇌만으로 생각하고 판단해야 하고, 논리적인 좌뇌의 영향을 받지 못한다. 누군가 좌뇌의 기능을 상실한 사람에게 사탕을 나누어 달라고 해도 어떻게 해야 할지 판단하지 못한다.

환자에게 귤이 두 개 있다고 하자. "귤 좀 주세요"라고 하면 둘 다 주든지 안 준다고 할 수 있다. 슈퍼를 지나다가 느닷없이 신발을 사 달라고도 한다. "지금 신발이 필요하지 않는데, 왜 사 달라고 하냐?"고 물으면 어떤 설득도 하지 못하고 무작정 떼를 쓰기도 하고, 오십이 넘은 중년인데 마치 네 살배기 아이같이 행동한다. 좌뇌 손상으로 우뇌가 도움을 받지 못해 논리적이지 않기 때문이다.

우뇌가 손상되었다고 가정하자. 논리적이고 말은 잘하나 감정에 자극을 받지 못한다. 모든 상황을 이성적으로 설명해야 이해한다.

특히 사물을 눈으로 보면서 대화하면 어려움이 없지만, 기억력이 없어서 지난 이야기를 기억하지 못하고 어떤 물건을 연상해내지도 못한다.


## 좌우 뇌 사이 뇌량은 메신저


뇌 발달 시기의 아이는 좌우 뇌가 만들어지기 전이어서 외계인손 증후군 환자나 뇌졸중 환자같이 유사한 상황이 벌어질 수 있다. 좌뇌가 먼저 발달한 아이에게는 논리적으로 설득이 가능하고, 우뇌가 발달한 아이는 그림이나 사물을 보면서 이해하는 편이 더 빠르다.

우뇌 성향이 강하다면 얼굴이나 옷, 강렬한 이미지에 대한 기억이 더 많다. 반면에 좌뇌적인 성향은 이름이나 나이, 학교 이름 등을 잘 기억한다. 그래서 우뇌는 '인상 뇌' 또는 '이미지 뇌'라고 하고, 좌뇌는 '언어 뇌'라고도 한다.

좌뇌와 우뇌의 차이를 발견한 사람은 미국 캘리포니아대학의 심리학자 스페리였다. 그는 죽은 사람들의 뇌와 뇌를 비교하여 좌우 뇌가 비대칭이라는 점을 발견했고, 좌뇌에서 두드러지게 큰 부위가 언어와 관련되어 있다는 것을 알았다.

엄마가 행복해지는 우리 아이 뇌 습관

우뇌는 뇌의 우반구이고, 몸의 좌측 감각과 운동을 통제한다. 좌뇌는 뇌의 좌반구이며 몸의 우측의 기능을 통제한다. 오른쪽으로 본 사물은 뇌량을 통해 좌뇌에 전달되고, 왼쪽 눈으로 본 사물은 우뇌에 전달되면서 곧 뇌량을 통하여 좌우 뇌로 동시에 연결한다.

좌우 뇌가 통합적으로 활동하면 종합적인 사고와 정서적 안정이 가능하다. 3살에서 6살 무렵에 활발한 뇌 발달을 통해 좌우 뇌를 연결하는 뇌량이 성숙해지고, 유전적으로 프로그램된 시냅스가 갑자기 증가하면서 언어는 물론 인지, 운동, 사회성 기능이 급격하게 발달한다.

언어 기능은 좌뇌에 속하고 우뇌는 이미지, 공간성 명령을 처리하지만, 좌우 뇌는 서로 다른 기능이면서 통합적으로 활동한다.

관계를 통한 학습이 중점적으로 이루어지는 3살부터 6살 무렵의 아이가 정서적인 발달이 일어나면서 성격 형성의 기본이 만들어지는 시기이기도 하다. 어른처럼 복합적인 감정을 가지게 되는 것도 이 때문이다. 감정을 느끼려면 변연계피질이 기능을 해야 하는데, 그러려면 많은 시간이 필요하다.

특히 감정을 조절하는 전전두엽피질은 출생시 미숙한 상태인데 1살이 되면 여러 가지가 정교해지고 학습능력이 향상된다. 학습을 하려면 감정의 뇌가 잘 만들어져야 하는데 그 중에 중요한 것은 순응하는 자세와 감정조절능력이다. 이 시기에 감정조절 능력을 키워주어야 운동 발달을 위한 놀이, 아이의 사회성이나 자아 존중감을 발달시키는 상징놀이, 사회적 놀이가 원활하고, 언어능력을 증진되어야 통합적으로 발달할 수 있다.

# 우뇌형인지 좌뇌형인지
# 궁금해요

"왜 좌우 뇌가 균형 있게 발달해야 하나요?"

"좌우 뇌교육이 중요한가요?"

이 질문에 대해 어떻게 간략하게 설명할까? 전두엽의 브로커 영역은 '말하는 영역'이고, 두정엽의 베르니케 영역은 '이미지 언어'이자 '생각하는 언어 영역'이다. 두뇌검사는 이 두 부위의 발달 정도를 나타내는데, '말하는 뇌'와 '생각하는 뇌'의 정도를 알 수 있다.

말하는 뇌의 점수를 환산하면 90점, 생각하는 뇌 점수는 80점이었다고 하자. 그렇다면 이 아이는 '입만 살아있는 아이'이다. 생각 없이 말하고 생각 없이 문제를 푸는 아이의 생각하는 뇌 점수는 80점이었다. 그럼에도 '생각 없이'라고 표현하는 것은 뇌의 개폐 형식에서 확인할 수 있다. 언어가 발달하면 생각이 닫힌다.

좌우 뇌를 따로 설명하려고 한다. 좌뇌 선호도가 100의 60이라면 우뇌의 선호도는 100의 40이었다. 그렇다면 이 아이는 좌뇌형이다. 가령 부모나 가족과 게임을 해도 이겨야 직성이 풀린다. 아이가 게임에서 지면 승부 욕구가 채워지지 않아서 눈물을 흘릴 수 있다. 그래서 부모는 기를 살려주어야 한다면서 일부러 게임에서 지기도 한다.

이럴 때 우뇌형 아이는 부모가 일부러 져준 것을 감사하지만, 좌

엄마가 행복해지는 우리 아이 뇌 습관

뇌형 아이는 잘해서 이긴 줄 알고 좋아서 어쩔 줄 모른다. 우뇌형은 눈치가 있다면 좌뇌형은 눈치가 없다.

그러나 친구들과의 게임은 상황이 다르다. 좌뇌형 아이를 위해 일부러 게임을 져주지 않는다. 부모에게 이겼는데 왜 친구들을 이기지 못했는지 아이는 억울하고 속상해서 스트레스를 받는다. 집안에서 아무리 뛰어나다고 해도 집 밖에서는 무엇 하나 제대로 할 줄 아는 게 없어서 온통 불만투성이이다.

그러다보니 정서적인 소통도 못하고 관계도 빵점이라서 원만한 친구 관계가 많지 않다. 검사 결과는 우뇌가 40이고 행동은 40조차 되지 않았다. 이 상태로 아이가 성장한다면 스스로 문제를 인식하고 해결할 가능성은 희박하다.

뇌는 좌뇌와 우뇌로 분리되어 있다. 좌뇌와 우뇌를 동시에 쓸 수도 없다. 좌뇌가 열릴 때 우뇌는 닫히고 우뇌가 열리면 좌뇌가 닫힌다. 좌뇌가 우뇌보다 우수하다면 좌뇌로 보고 좌뇌로 생각하고 행동하게 되는데, 좌뇌형은 대개 고지식하고 융통성이 없다고들 한다.

아이의 경우도 동일하다. 좌뇌형은 눈치가 없어서 엄마의 기분이 나쁘더라도 이것 달라 저것 달라며 귀찮게 하다가 결국 핀잔을 듣는다. 반면 우뇌형은 엄마의 기분이 나쁘다면 어떻게 해야 할지 판단한다. 일단 엄마가 싫어하는 행동은 삼가고 갑자기 큰소리로 책을 읽는다거나 장난감을 정리한다.

우뇌형은 감각적이고 창의적이며 예술성이 뛰어나다. 아티스트들이 많으며, 패션이나 헤어스타일에서 개성을 드러낸다. 좌뇌형은 논리적이고 이성적이다. 친구 관계에서 주관이 뚜렷하고 진취적이다. 정치가가 많다. 실수하지 않으려고 노력한다. 선물을 고를 때도 실속있게 선택하는 좌뇌형과는 달리 우뇌형은 꽃다발 같은 감성적인 선택을 한다.

이같이 좌뇌와 우뇌는 다르다. 그러므로 한쪽 뇌만 편향적으로 발달하기보다 상호보완적이어야 한다. 논리와 이성을 바탕이 된 창의력이라면 훨씬 효과적인 결과물을 얻을 것이다. 우뇌형은 감정이 풍부하면서 안정감 있고, 좌뇌형은 합리적이어서 학습능력이 뛰어나다. 그러므로 좌우 뇌가 균형있게 발달해야 한다.

## 전뇌적인 아이를 기대하자

유치원 야외 활동을 하던 선생님이 한 아이에게 말했다.

"초콜릿 하나 줄래?"

"선생님, 이거 다 드세요."

아이는 선생님이 좋아서 봉지째 건네면서 기뻐한다. 그런데 또 다른 아이에게 같은 말을 하자, 얼른 초콜릿을 감추듯이 행동하면서 선생님에게 대꾸한다.

"엄마가 혼자 먹으라고 했단 말이에요."

두 아이 모두 같은 유치원에서 같은 선생님에게 가르침을 받았으나 서로 다르다. 누가 보더라도 혼자 먹겠다는 아이에게 적극적인 훈육이 필요하다고 할 것이다.

이것이 교육의 목적이기도 하다. 교육은 '사람을 만든다'라고 하고 사람답게 살아가도록 하기 위해서 바르게 생각하고 질서 있게 행동하도록 가르친다. 전뇌적인 아이를 기대하면서 좌우 뇌가 균형 있게 발달하기를 바란다.


아이들은 유치원에서 놀이를 좋아한다. 그러나 뇌 발달 시기의 아이들의 행동은 미숙하다. 장난감을 선택할 때 누가 가지고 놀아야 하는지 경쟁을 경험하기도 한다. 아이는 자신의 욕구를 통제해야 원만한 관계를 유지하며 놀 수 있다는 교훈을 얻기도 하고, 친구들과 다투면서 어떻게 반응할지 어떤 말을 해야 서로 소통이 되는지 알아간다.

친구들에게 인기가 있으려면 어떻게 해야 한다는 것도 알고, 해야 할 것과 하지 말아야 할 것을 구별하기 시작한다. 자기중심적인 아이에게는 친구의 마음을 공감하는 힘이 생기고, 사소하게 실수하는 친구를 이해하게 된다.

이처럼 사회성이 발달한다는 것은 논리적인 사고능력과 이해하고 조화를 이루는 협응력을 발달한다는 의미이다. 의존적이기보다 주도적으로 판단해야 한다는 것도, 친구들과의 놀이 과정에서 습득하게 될 것이다. 더불어 살아가는 경험은 성장기에 반드시 필요하다. 사회성이 발달할수록 심리적으로 안정되며 학습성취도가 높기 때문이다.

사회성을 배우는 첫걸음은 자신을 잘 소개하는 것에서 시작된다. 자기가 누군지 소개하고 친구가 누군지 궁금해야 관계가 맺어지고, 서로 나누거나 차례를 지키는 것 같은 질서 개념이 필요한 줄 안다.

영유아기에 다른 사람의 감정을 이해하기에 서툴다. 친구와 다투더라도 서로 공감력이 높지 않아서 감정 조절이 어렵다. 그래서 다투기도 하고 언쟁해야 친구들과의 놀이가 역동적이어서 재미있다는 것도 실감한다. 친구의 마음을 공감하려고 할 때 질서 개념도 바로잡힌다.

유치원에 등교하거나 스쿨버스에서 인사하는 습관도 이에 해당한다. 차에 오르면서 '안녕하세요?'라고 하고, 유치원에 도착해서도 큰소리로 '안녕하세요?'라는 인사 습관은 인성교육이기도 하지만, 전인적 사고가 향상되는 지름길이다. 환하게 웃는 선생님의 눈빛, 반갑게 맞아주는 스쿨버스 운전수 아저씨, 같이 손을 흔들며 인사를 나누는 친구들과 소통하는 일이기 때문이다. 아이의 한마디 인사가 그곳을 행복하게 할 수 있다.

# 남자와 여자의
# 말하기는 다르다

여성상위시대는 뇌 구조적으로도 선진국 상황을 의미한다. 여성은 복합적인 사고가 가능하고 섬세한 감정을 표현할 줄 알고, 남자는 앞으로 나아가려는 힘이 발달한 반면 좌우를 살피기에는 부족하다. 판단하고 결정하는 데 우선적이다.

몸으로 움직이고 힘을 써야 하는 일이 많은 후진국형 사회에서는 남성성이 우위에 있을 수밖에 없다. 그러나 선진국일수록 여성성이 지배적이다. 융복합적인 사고가 우선적이어서 여성성이 발휘되어야 하기 때문이다.

남녀의 뇌 구조 차이는 좌뇌와 우뇌를 연결하는 뇌량이 다르다는 점이다. 어려서부터 여자는 남자보다 뇌량 다발이 광케이블 정도이다. 뇌량이 많다는 것은 좌뇌와 우뇌가 빠르게 소통한다는 의미이다. 그래서 여자들은 설거지하면서 요리하는 데 어려움 없이 두세 가지 일을 너끈히 해내지만, 남자들은 동시에 여러 가지 일을 하기가 쉽지 않다.

가령 부부가 식사 중에 TV에서 긴급 뉴스가 전해진다면 남자는 밥 먹던 수저를 내려놓고 TV에 집중하지만, 여자는 밥을 먹기도 하고 아이들을 챙기면서 TV를 시청한다.

맞벌이 부부의 경우, 아내는 일하면서 아이들에게 일어나는 일들을 이모저모 챙기기도 하지만 남편은 회사 일에 집중할 뿐이다. 설령 아내가 해외 출장을 떠난다면 남편의 일상은 완전히 달라진다. 우왕좌왕하면서 회사 일을 제대로 못하고, 아이들 돌보는 일도 실수투성이이다.

아내는 출근길 운전 중에도 잠시 신호 대기하면서 미처 못한 화장을 한다. 아이가 준비물을 챙기지 못했다고 하면, 학교 앞 문방구에 전화해서 선처를 부탁하는 정도는 아무것도 아니다. 남편은 그런 아내에게 감탄사가 절로 자란다. 여자에게 훨씬 많은 뇌량의 힘이다.

여자는 언어뇌가 일찍 발달하는 편이어서 남자보다 말을 잘한다. 남자아이는 좌우 뇌가 3살 무렵에 분리되는데, 그때 여자아이는 소꿉놀이를 하면서 엄마놀이도 했다가 선생님놀이를 하면서 문장을 구사할 수 있다. 그러나 같은 시기의 남자아이 언어구사력은 고작 "빵야! 빵야!", "뚜 두드드!" 정도라고 할까? 이는 장난감 총싸움을 하면서 내지르는 말이다.


맞벌이 부부의 아내는 회사에서 말을 많이 해서 집에서는 쉴 만한데, 퇴근한 남편과 대화하고 싶어한다. 쉬고 싶기만 남편은 아내의 말이 들리지 않는다. 그래서 신혼 초에 아내 말에 귀기울이지 않는 남편은 부부싸움의 단초가 된다. 이러쿵저러쿵 말하는 아내. 그러나 30분만 지나면 남편의 귀에는 들리지 않는다. 지루한 나머지 "여보, 결론이 뭐야?"라고 해서 아내를 토라지게 만드는 것이다.

엄마가 행복해지는 우리 아이 뇌 습관

이처럼 남편 아니, 남자의 두뇌는 말하기뿐 아니라 듣기 능력도 떨어진다. 아내는 할 얘기가 많은데 들어주지 못한다. 뇌 구조가 그런 것이다. 그래서 오늘날 여자에게 스마트폰은 하나님의 선물이다. 문자 메시지로 떠들다가 모자라면 전화로 떠들다가 두 시간 가까운 수다도 부족하다면서 "우리 만나서 얘기하자"라고 한다.

엄마 아빠가 남녀 뇌 구조가 다르다는 것을 알아야 아이들과의 대화에서 이해 범위가 넓어진다. 딸인가, 아들인가? 아이의 뇌 구조를 먼저 알고, 남편의 뇌 구조가 다르다는 것을 안다면 그다지 서운하고 토라질 일이 많지 않다.

# 뇌 구조를 알면
# 아이를 안다

두뇌를 '좌뇌 우뇌'라고 하지만 '상위뇌, 중위뇌, 하위뇌'라고도 한다. 두뇌의 겉피질이 상위뇌인데 주먹 둘을 포갠 정도의 크기이다.

상위뇌 앞쪽에 전두엽, 측두엽, 주정엽, 후두엽은 교육과 훈련을 통해 각자 다르게 발달한다. 뇌 발달 시기라고 해도 누구나 동일하게 골고루 발달하지 않는다. 특정한 시기에 특정 부위가 활성화되기도 한다.

상위뇌의 전두엽을 가리켜 '양심의 뇌' 혹은 '사고의 뇌'라고 하는 것은 추론하고 행동하도록 명령하며 옳은지 그른지 판단하고 제어하기 때문이다. 여기가 발달하지 않는다면 판단력이 흐려 양심 없는 행동을 하거나 질서나 차례를 지키는 데 둔감하다.

측두엽은 기억력, 학습능력, 정서반응 등 중요한 청각을 담당한다. 학습효과는 5살 이후에 효과적인 이유가 7~8살에 측두엽이 발달하기에 그런 것이다. 또 측두엽이 역할을 못할 경우 순간적으로 화를 내는 습관이 생긴다. 그러한 행동이나 정서적인 표현력이 부족해서 나타난다.

두정엽은 읽고, 쓰기, 수 영역과 통합 감각능력이다. 길 찾기를 유난히 어려워하는 사람을 '길치'라고 하는데 바로 두정엽이 약하다는 것을 나타낸다.

후두엽은 시각적인 역할을 담당하며 색깔이나 모양 등을 분류하거나 분석한다.

중위뇌는 바다핵, 변연계, 시상, 시상하부를 포함한다. 그 중 변연계에는 시상 편도체, 기저핵, 대상회, 해마 등이 있다. 각종 호르몬을 조절하고, 보고 듣고 느끼고, 무엇보다 후각을 담당하는데, 이러한 정보들을 모으기도 하고 반응하기도 한다.

시상에서 뇌파 알파파와 세타파가 가장 활발하고, 내가 강조하는 SMR파파도 여기에서 방출된다. 이 뇌파는 몸을 안정감 있게 하며, 소리나 빛에 과잉 반응을 하거나 둔감하다면 시상에 문제가 있다고 본다.

과학적으로 세타파나 알파파 혹은 SMR파파가 너무 많거나 부족하면 시상이 정상일 수 없다. 심리적으로 신체적으로 불안한 상태를 나타내는데, ADHD는 SMR파파가 부족해서 나타난 증상이다. ADHD의 경우 뇌파 훈련을 통해 SMR파파나 하이알파파를 증가시키거나 세타파나 하이베타파를 줄여주는 것이 좋다. 산만한 아이는 불안감이나 긴장감이 이완되면서 집중력이 향상된다.

편도체는 불안이나 공포에서 벗어나지 못하게 한다. 특히 불안, 공포, 극심한 스트레스나 학대와 방치, 폭행 등에 노출되었다면 편도체에 저장되어 있다. 이것을 트라우마라고 한다. 살아가면서 정신적으로 흔들릴 때마다 공포감이나 무기력감으로 드러나는데, 공황장애도 그 중 하나이다.

특히 전전두엽이 약하면 참을성이 없다. 이성적이기보다 순간적인 분노에 휩싸여 소리를 지르거나 폭력적이 된다. 전두엽에서 통제가 안 된 분노는 측두엽에서 강화되는데 이때 하이베타파가 나타난다.

유아기나 청소년기에 신경세포 가지치기가 잘못되면 분노나 폭력을 제어하고 통제하는 기능이 약화된다. 그래서 폭력적인 언행을 일삼는다. 사회 문제가 되고 있는 사이코패스도 여기에 해당된다.

# 뇌 균형이
# 가능한가요?

뇌 발달 시기 중에 민감기가 있다. 좌우 뇌가 전체적으로 발달하는 3살까지를 말하는데, 마치 농사 일에서 씨앗을 심는 시기에 해당한다. 3살 이후에 좌우 뇌를 연결하는 뇌량이 형성되면서 이마엽 즉 전전두엽이 발달하는데, 이 시기에 적절한 교육이 이루어져야 한다. 그래서 이 시기의 교육을 '적기교육'이라고 하고 '두뇌적기교육'이라고도 한다.

3살 이전에 발달해야 하는 전전두엽은 우리가 살아가는 데 필요한 기본기가 이루어지는 곳이다. 여기가 상실되었다면 양심이 없는 사람이 된다. 감사하거나 죄의식을 느끼지 못하기 때문이다. 사이코패스를 말하는데, 선천적이든 후천적이든 전전두엽 이상 증세라고 할 수 있다.

3세 교육은 바로 양심을 만들어주는 교육이다. 신생아에서 3살까지 교육은 엄마 아빠가 선생님일 것이다. 이 시기에 전전두엽이 발달되지 않은 아이는 친구든지 동생이든지 함부로 괴롭히면서 그것이 잘못인 줄 모른다. 성장하면서 도둑질을 하거나 폭력을 휘둘러도 부끄럽지 않고 반성하지도 않는다.

전전두엽이 발달하면서 사람답게 살아가는 기본이 저장되어야 사람답게 살아갈 수 있는데, 먼저 주양육자인 엄마 아빠는 자신의 뇌를 아는 것이 필요하다. 갑자기 욱하면서 화를 내는지, 사소한 일에 예민하게 반응하는지, 유난히 어둠 속에서 공포감을 느끼는지, 지나치게 의심이 많은지 등등. 매사 부정적인 타입이라면 더욱 살펴보기 바란다.

교육은 부모와 아이의 유대감 속에서 이루어지기 때문에 부모의 성격이나 습관이 그대로 아이 뇌 발달 과정에 영향을 준다. 부모가 아이를 위해 어떤 변화를 원한다면 교육 기간이 필요하다. 시냅스는 3개월에 임시 연결되고, 1년이 지나야 영구 연결이 가능하다. 그러므로 부정적인 습관을 바꾸고자 할 때 짧게 3개월, 길게 1년을 지속적으로 교육을 받으면서 실천할 수 있어야 한다.

아이가 발표하면서 울어버리는 경우가 있다. 평상시에는 말을 잘하고 씩씩한데 사람들 앞에서는 유난히 말을 더듬거나 당황스러워하는 것이다. 이를 대인기피증이라고 해서는 안 된다.

뇌에는 고소공포증이나 어둠에 대한 불안이나 두려움, 무서움을 관장하는 기저핵이 있는데, 기저핵이 과할 때 나타나는 현상이다. 이 경우 소소한 심부름을 하게 하거나 아이가 잘하는 것을 발표할 기회를 주는 것이 좋다. 기저핵의 과부화를 예방할 수 있다.

4살에는 아이가 활동하면서 듣고 보고 읽은 정보들을 잠을 자면서 대뇌피질에 저장하거나 불필요한 것을 삭제하는 작업이 이루어진다. 해마가 이 역할을 하며, 뇌에서 이렇게 만들어지는 민감기에 교육이 이루어져야 하는데, 엄마와 함께 보고 듣기, 아빠와 함께 말하기를 하기 바란다. 아이를 방치하거나 학대, 강요하여 뇌가 아무 반응 없이 말하고 보고 듣게 되었다면 해마가 발달하지 않아서 학령기에는 결국 학습장애증후군이 찾아온다.

이 시기를 '적기교육'이라고 부르기도 하지만 공부를 가르치라는 의미는 아니다. 공부하기에 앞서 정보를 잘 저장하는 뇌를 만들어야 한다. 이 민감기에 전두엽의 브로커 영역에 관심을 가져야 하는 것은 언어 영역이기 때문이다. 측두엽이 발달해야 교육이 이루어질 수 있듯이 전두엽이 발달해야 언어 사고력이 발달한다.

이때 아이가 영어를 잘해야 한다는 생각은 금물이다. 모국어가 가능할 때 영어교육도 효과적이며, 책을 읽어주어야 하는 이유이기도 하다. 들어야 말을 하고 읽어야 쓸 수 있다. 이 시기에 발달하는 전두엽의 언어 영역은 3살 이후 만들어지는 해마 발달을 위한 준비 단계이기도 하다.

민감기 이전에는 오감 자극에 의해 뇌 발달이 이루어졌다면, 구체적인 조작기인 이때 말하기 듣기, 읽고 쓰기라는 언어사고력 발달을 위해 놀이학습 방식이 훨씬 분명해져야 한다.

이를테면 친구들과 장난감놀이를 하면서 일어난 일을 얘기하고, 그대로 그림을 그리게 하는 것도 좋다. 아이 스스로 그림을 그리거나 색종이 접기를 하거나 이야기를 논리적으로 표현하는 것은 뇌 발달에 매우 효과적이다.

체험한 내용을 말하고 그리겠다는 생각이 우뇌 영역이라면, 생

엄마가 행복해지는 우리 아이 뇌 습관

각한 것을 어떤 논리나 개념을 가지고 표현하는 것은 좌뇌 영역이다. 그러므로 좌우 뇌는 짝이 되어 균형 있게 발달해야 한다.


# 스트레스가
# 가장 큰 적이다


상위뇌는 운동하고 공부하고 생각하는 뇌이며, 중위뇌는 건강과 정서 감정 즉 심리적인 상태와 관련된다. 해마는 학습과 기억력에 관여하며, 자신이 처한 상황과 긴밀히 관련된 일을 더 쉽게 기억한다. 변연계 편도체는 감정이 만들어지고, 해마는 감정이 실린 기억을 좋아한다. 우울증에 걸린 해마는 비정상적으로 활동할 뿐 아니라 크기도 더 작아진다.

다른 뇌 부위는 태어나면서 만들어지지만 편도체는 미완성 상태인 80% 정도로 태어난다. 좋은 감정, 나쁜 감정이 다 여기에 있다. 그래서 정서 조절을 하도록 가르치지 않는다면 어려서 각인된 감정들을 편도체가 기억하고 있다가 세포 가치치기가 이루어지는 청소년 시기에 심리적 갈등 요인으로 드러나기도 한다.

그렇다고 편도체가 불편한 존재는 아니다. 동물은 위험하다고 느껴도 도망갔다가 다시 그곳에 나타난다. 인간은 편도체의 역할이 있어서 한 번 위험하다고 기억하면 똑같은 상황에 노출되지 않으려고 한다. 지하철 사고를 당했다면 사고 당시의 감정이 편도체에 고스란히 담겨 있어서 지하철에서 그때의 감정이 되살아난다. 이 역할을 편도체가 하는 것이다.

심리적으로 불안하고 기쁜 반응은 시상하부 역할과 긴밀하다. 편도체가 위험하다고 느끼면 기저핵으로 정보를 보내고, 기저핵은 아세틸콜린 호르몬을 방출하여 몸을 긴장시킨다. 스트레스를 유발하는 것으로 몸이 감지하게 하는 위험 신호등이다. 그러나 편도체가 위험하지 않은데 반응하면서 공황장애 또는 외상후스트레스증후군 같은 증세로 나타난다.

어릴 때 엄마 아빠의 폭력적 상황에 자주 노출되었다면 그 장면이 저장된다. 좌측 편도체는 언어에 의한 상처나 칭찬이 저장되고, 우측 편도체는 감정적 이미지, 즉 우울하거나 행복한 감정 상태가 저장된다.

어려서 저장된 상처는 오랜 시간이 흐른 후 같은 상황을 연상할 일이 발생하면 마치 어제 일처럼 저장된 상처들을 꺼낸다. 그래서 가능하면 트라우마로 극심한 환경에 노출되지 않도록 애써야 한다. 아이를 소유물로 여겨 거리낌 없이 폭력적으로 양육하는 부모들은 명심하길 바란다.

편도체를 제거한 원숭이는 사람이 다가가도 도망가거나 공격하지 않는다. 심지어 천적인 뱀을 두려움 없이 관찰하기도 한다. 한마디로 겁이 없어진 것이다. 반대로 편도체가 연약한 경우에는 두려운 대상이 나타나면 도망가기 바쁘다.

편도체 발달 부진으로 협응력이 없으면 작은 일에도 상처받고 겁이 많아 잘 운다. 이 아이는 작은 일도 큰일처럼 기억해서 저장한다. 열정지수가 높은 아이라고 해도 칭찬보다 꾸중을 많이 들으면서 자라면 무기력해진다. 대뇌 변연계에 의욕이 없어진다. 그래서 마치 편도체를 제거한 것과 같이 재미도 느끼지 못하고 어떤 일에 의욕을 보이지 않는다.

해마는 기억장치이다. 보고 듣고 읽은 것을 단기간 저장했다가 분류하면서 삭제 또는 장기기억에 저장하게 한다. 마치 USB 메모리 카드라고 할까? 해마가 잘 발달되었다면 많은 정보들이 축적되어 있을 것이다. 가능하면 긍정적이고 행복한 정보들이 가득하면 좋다. 그러나 스트레스도 같이 저장될 것이다.

스트레스가 가장 큰 적이다. 그만큼 스트레스는 해마에 많은 영향을 준다. 장기간 스트레스에 노출된 아이의 해마는 위축되어 기억장애가 오기도 해서 결국 아무리 똑똑하다고 해도 학습성취도가 낮게 나타난다.

그래서 엄마 아빠의 훈육 태도가 어떠한지 살펴야 한다. 지나치게 잔소리를 하거나 강압적이거나 무작정 체벌하는 것은 뇌 발달에 해롭다. 해마의 스트레스 상태가 지속된다면 해마가 위축된다. 아이에게 스트레스로 가장 크게 작용하는 것은 엄마 아빠의 강요일 수 있다.

# 우뇌 선호도를
# 키워야 하는 이유

인간이 살아갈 때 믿음은 참으로 중요하다. 우리는 언제부터인가 믿음을 잃어버리고 살고 있다. 믿는다고 하면서도 실제로 믿지 못하고 세상을 살아간다. 마치 예수님을 믿는다고 부르짖으면서도 믿지 못하는 신앙생활과 별반 다름이 없는 아쉬운 시대이다.

나는 주변 사람을 얼마큼 믿고 사는가. 내가 낳은 아이, 입에 있는 것을 줘도 아깝지 않은 내 아이가 결혼했을 때, 하나뿐인 집을 줄 수 있는가. 줄 수 없다. 이유는 딱 하나다. 주는 순간 나를 괄시할 것만 같다. 주고 나서도 내가 죽을 때까지 쓸 수 있다는 믿음만 있으면 줄 수 있다. 그런데 자식도 믿을 수 없는 것이 현실이다.

나의 아버님은 88세까지 건강하게 사시다가 지난해 주님 품으로 가셨다. 장손이어서 그랬는지 스무 살에 결혼하셨고, 할아버지는 스무 살밖에 안 된 아버지에게 재산을 다 물려줬다고 한다. 동생이 줄줄이 있는데, 동생들 역시 자기 것을 주장하지 않았다고 한다.

부모 시대에는 부부, 형제, 부모 자식간에 최소한의 믿음은 갖고 살았다. 우리 부모님은 어떤 생각을 하시면서 사셨는가. '나는 힘들게 살았지만 자식들은 사람답게 살게 해야지' 하고, 입을 것 먹을 것 아껴 가며 자식들을 교육했다. 사람다운 사람은 어떤 사람일까. 부모에게 효도하는 사람, 형제간에 우애 있게 지내는 사람, 이웃에게 손가

엄마가 행복해지는 우리 아이 뇌 습관

락질 받지 않는 사람이다.

아들이 둘 있다고 가정해 보자. 큰아들을 사람다운 사람을 만들려고 서울로 올려 보내고, 작은아들은 형편상 농사지어 형을 뒷바라지하게 했다. 형은 대학을 졸업하고 좋은 곳에 취직했다. 나중에 봤을 때 누가 사람다운 삶을 살고 있을까. 부모에게 효도하며 사는 사람은 동생일 것이다. 공부는 형이 많이 했는데, 어떻게 된 일일까.

지나친 좌뇌 중심 교육이 이렇게 만들어 버린 것이다. 인간은 날 때부터 갖고 있는 DNA가 있다. 그리고 만들어야 하는 것도 있다. 울거나 웃는 DNA는 타고난다. 하지만 효도하는 뇌, 공부하는 뇌는 선호도를 만들어야 한다.

나는 1991년부터 '뇌 선호도'를 연구하고 가르치고 있다. '뇌 선호도'는 만들어지는 것이다. 태어날 때부터 위대한 사람은 없다. 어떤 환경에서 어떤 교육을 받았느냐에 따라 달라진다. 이것을 '선호도'라고 한다.

스마트폰을 하는 뇌는 살면서 만들어진다. 어쩌다 스마트폰을 집에 놓고 오면 하루가 불안하다. 옆에 있으면 자꾸 만지게 된다. 선호도가 만들어졌기 때문이다. 공부하는 뇌가 만들어지면, 책을 읽지 않으면 불안하고, 옆에 있는 책으로 손이 간다. 선호도 원리로 아이들에게 기본 생활 습관, 즉 생각이 아니라 뇌를 바꾸는 훈련을 해야 한다.

올바른 생각과 행동으로 많은 사람에게 소금과 같은 역할을 하는, 성경이 원하는 사람을 만드는 게 나의 목표이다. 좌뇌 중심 교육은 점점 더 질서가 없고 자기중심적인 사회를 만들고 있다. 좌우뇌 중심 교육으로 바꿔야 한다. 얼마나 아는가보다는 아는 것을 얼마나 실천하는가를 중시 여기는 교회·학교·사회·가정이 되어야 한다.

지금까지 놓치고 있던 우뇌 선호도 훈련에 더 관심을 가져야 한다. 우뇌 선호도 교육은 어렵지 않다. 가정에서부터 철저하게 서열과 질서를 지키고 배려하고 양보하며 나눌 수 있게 훈련하는 것이 필요한 시대이다.

뇌에는 좌뇌와 우뇌가 있다. 좌뇌는 주로 지능과 관련된 기능을 한다. 수학적 능력, 정확한 언어표현 능력, 논리력, 합리적 사고력, 세부적 분석력, 비판력 등을 관장한다. 우뇌는 감성과 연결돼 있다. 느낌의 형상화와 음악 예술 능력, 상상력, 창조력, 공간지각능력, 직관 능력, 그리고 인성(人性)과 큰 연관이 있다.

나는 그동안 한국의 교육이 좌뇌 위주 교육, 지식을 집어넣는 교육에 치우쳐 왔다고 생각한다. 문제를 잘 풀어 시험을 잘 보고, 영어를 잘하도록 하기 위해 어린 시절부터 주입식 교육을 했다는 것이다. 그 폐해가 많다. 공부는 잘하지만 어른을 공경할 줄 모르고 친구 등 가족간 인간관계를 중시하지 않는 사람들이 많아졌다.

좌·우뇌의 능력을 함께 갖춘, 공부도 잘하면서 인성도 뛰어난 사람을 길러내야 한다. 좌뇌 관련 교육은 3세 이후에 해도 늦지 않다. 만 3세가 되면 우뇌와 좌뇌가 각각의 역할을 하게 되는데, 그 전까지는 '좌뇌'라는 게 따로 없다. 아이들에게 조기 교육을 한다면서 영어를 가르치고, 무조건 책을 읽게 한다? 아이 망가뜨리는 지름길이다. 우뇌를 자극해 풍부한 감성, 올바른 인성을 갖추도록 씨앗을 튼튼히 해야 한다.

그렇다면 어떻게 우뇌를 계발해야 하는가? 책을 읽어주고, 음악을 들려주고, 미술관에 데려가는 것 모두 좋은 우뇌 계발법이 될 수 있다. 그런데 한 가지 비밀이 더 있다면. '존댓말 교육'일 것이다. 말을 배우는 순간부터 부모에게 존댓말을 쓰는지 쓰지 않는지의 차이는 엄청나다.

'마음'과 '생각'을 통해 우뇌는 발달한다. 존댓말과 부모를 공경하는 행동을 교육하고 훈련하면 존경하는 마음과 개념이 자연스럽게 자리 잡게 되는 것이다. 존경을 담은 말과 태도, 마음가짐을 계속해 나갈 때 우뇌는 가장 안정적으로 발달할 수 있다.

내가 우뇌 교육에 관여하고 있는 유치원은 전국 100여 곳이다. 이 유치원에서는 모두 존댓말과 부모 및 타인에 대한 배려를 최우선적으로 가르치도록 조언한다. 존댓말과 함께 가정 내 부모의 역할도 매우 중요하다. 유치원에서 아무리 배려와 존댓말을 가르친다 해도 집에서 실천하지 않으면 말짱 도루묵이다.

아이들의 우뇌 능력을 일깨울 수 있는 행동을 가정에서부터 보여주는 게 중요하다. 공부하라는 말보다 칭찬을, 윽박지르기보다 따뜻한 관심과 사랑을 보여줄 때 아이들의 우뇌가 발달하고 종합적 두뇌

능력 역시 배가될 수 있다.

아이는 마음으로 키우는 게 아니라 행동으로 키워야 한다. 마음대로 안 된다고 한탄하는 이유는 자신의 행동이 올바르지 않기 때문이다. 참고, 칭찬하고, 사랑하는 모습을 보여준다면 반드시 아이는 행복한 아이로 성장할 것이다.

## 우뇌교육은
# 시기가 중요하다

"어려서부터 고집 세고 아빠 하고 게임을 해도 엄마와 게임을 해도 동생과 친구들과 게임을 해도 반드시 이겨야 직성이 풀리는 아이입니다. 그렇지 않으면 떼를 쓰지요. 자기 물건에 대해 지나치게 집착하고 배려와 양보를 가르치기가 어렵습니다."

어느 집단이든 이런 자기중심적인 아이들이 있다. 아이들뿐만 아니라 어른들 집단에도 이렇게 자기중심적이고 배려와 양보가 없는 양심 없는 사람이 있기 마련이다. 이런 사람들이 어른이 되면 그 성격을 고칠 수 없다. 그러다 보면 친구들이 한 명 혹은 두 명 밖에 없다. 다시 말해서 사회를 살아가면서 비즈니스가 약하고 소통 능력도 떨어져 힘들어할 수밖에 없다.

결국 뇌 발달은 어느 한쪽이 부족하면 사회를 살아가면서 힘들게 되고 행복하지 못한 삶을 살 수밖에 없다. 특히 우뇌는 인간관계의 뇌라고 한다. 우뇌가 부족하면 인간관계를 힘들어 하게 되는 것이다.

올바른 우뇌교육법을 알아보자. 우뇌 발달은 기능과 심리로 구분할 수 있다. 기능은 다시 소근육과 대근육으로 나누는데, 손으로 오리고 찢고 붙이는 것은 소근육 운동에 도움이 되고, 뛰어 놀고 춤추고 운동하는 것은 대근육 발달에 도움이 된다. 이런 것들을 기능이라고 한다. 그래서 손과 몸을 쓰는 예술가들은 우뇌형이 많다.

심리는 살아가면서 인간관계에 중요한 영향을 미친다. 살아가면서 기능과 성격 중 어느 것이 더 중요한가 라고 물으면 많은 사람들은 성격이 더 중요하다고 대답한다. 성격 즉 평생 살아가면서 인간관계를 어떻게 하게 되는지 성격에 달려 있다. 우뇌가 약하면 인간관계가 약하다는 것이 바로 우뇌는 '성격'을 말한다는 것을 반증한다.

여기서 성격 형성 교육을 쉽게 말하면 '눈치 올리는 교육'이라고 하겠다. 눈치는 상대방의 눈을 보았을 때 그 사람의 마음을 읽을 수 있는 능력이다. 유치원에서 친구들이 혹은 교사가 자기만 미워한다고 생각하는 아이는 집에 가면 엄마에게 자신이 느낀 대로 고자질한다. 그러나 이 중 많은 사실이 아이 혼자만의 생각이라면 곤란한 일이 발생한다. 이는 선생님이나 또래 아이들의 마음을 제대로 읽지 못하는 데서 오는 것이다.

만약에 회사에 입사했는데, 점심시간에 입사 동기들이 간단하게 자판기 커피를 한 잔 하며 서로 직장에서 힘들거나 재미있던 이야기를 나누곤 한다. 그런데 한 친구 혼자 밖에서 드립 커피를 들고 들어 온다면 다른 동기들이 이 친구를 어떻게 생각할까? 당연히 좋지 않은 시선이 될 것이다. 그런데 눈치 없는 사람은 친구들이 자신을 불편한 시선으로 본다는 사실도 알아차리지 못한다.

이렇게 눈치 없는 사람은 평생 살아가면서 인간관계가 약해 본인 도 스트레스를 받고 상대방에게도 스트레스를 준다. 그 눈치를 올라 가게 하는 시기에 '유아 교육'이 이루어져야 한다.

많은 부모들이 우뇌교육을 단순이 EQ, CQ, MQ 등을 떠올린다. 그래서 우뇌 발달에 도움이 된다는 EQ 올라가는 책을 사서 읽어주 고 '창의력 개발'이라고 쓰인 비싼 완구나 교구를 가지고 수업을 하면 서 우뇌가 올라갈 것을 기대한다. 하지만 이렇게 우뇌를 생각하면 올 바른 우뇌교육을 할 수 없다.

눈치는 서로 눈을 볼 때 좋아진다. 눈치는 가족이 함께 소통하며 이야기를 나누고, 친구들과 놀이를 통해 발달한다. 유아교육기관은 어디든 한 반에 정원이 정해져 있고, 유아교육은 과외공부로 이루어 질 수 없는 것이다.

한 명 놓고 유아교육이 이루어지지 않는다. 예를 들어 형제가 1 명일 때와 여러 명일 때 어느 집 아이가 더 눈치가 있는가. 역시 여 러 명인 집 아이들이 더 눈치가 있기 마련이다. 이것을 '눈치'라고 하 는 것은 사람들과의 관계에서 배우기 때문이다. 여러 사람과 함께 어 울려 놀면서 터득하는 것이고, 배우는 것이며, 발달하는 뇌를 우리는 '우뇌'라고 한다. 이 우뇌의 발달 시기가 만 3세에서 7세까지가 가장 빠르게 발달하는데 이 시기를 '뇌 민감기'라고 한다.

눈치 없은 아이들은 엄마 아빠와 게임을 해도 이겨야 하고, 동생과 게임을 해도 이겨야 한다. 아빠가 게임에서 져주면 눈치 있는 아이는 아빠가 자신을 위해 일부러 져주었다고 알지만 눈치 없는 아이는 그저 이긴 것에 만족해 한다. 그러나 친구들과 게임을 한다면 절대 아빠처럼 져줄 리 없다. 눈치 있는 아이들이 바로 남을 생각하는 배려심이 있다는 의미이기도 하다.

우뇌를 올리는 법은 일단 정상적인 유아교육기관에서 놀이 중심의 교육을 받는 것이 바람직하고, 가정에서도 부모가 아이와 함께 놀이 중심 교육이 이루어지면 좋다. 특히 우뇌는 배려하고 양보하는 힘이다. 눈치 있는 아이들은 배려와 양보가 쉽게 이루어진다. 가정에서 배려와 양보의 훈련이 필요하는 것이다. 그렇다면 엄마 아빠가 말로만 이래라 저래라, 양보해라, 배려하라고 한다면 우뇌 교육은 이루어지지 않는다. 훈련으로 발달되어진다는 것을 알아야 한다.

친구들과 놀이하면서 양보할 줄 알고, 왜 양보해야 하는지 스스로 깨우쳐야 한다. 가정에서 자신의 일을 스스로 할 줄 알게 가르침을 주어야 하고 서열이 필요한 자리에서는 예의를 갖추도록 가르쳐야 한다. 가정에서는 작은 일은 서로 도울 줄 알게 훈련이 되어야 성장하면서 인간관계가 원만하게 이루어질 것이다.

# 우리 아이 뇌 습관 Q&A

**Q. 뇌에서 뉴런은 무엇이고, 시냅스는 무엇인가요?**

**A. 몸에는 6조 개의 신경세포가 있고, 시냅스 덕분에 뇌가 몸을 지배합니다.**

뇌의 신경세포를 뉴런이라고 합니다. 1,000억 개의 뉴런은 시냅스와 정보를 주고받으면서 우리 몸을 지배합니다. 다시 말해 뇌에서는 평생 가지뻗기와 가지치기가 이루어지는데, 한 개의 신경세포에서 수백 수천 개 가지를 뻗습니다. 이 가지를 통해 정보를 주고받는 시냅스들이 만들어집니다. 시냅스를 통해 주고받은 정보가 몸과 마음을 통제하는 것입니다.

사람들은 가끔 "뇌는 한 번 망가지면 다시는 살아나지 않는다는데 맞나요?"라는 질문을 합니다. 신경세포 뉴런은 망가지면 다시는 재생되지 않습니다. 하지만 뇌는 참 신기하게 다른 뉴런에서 시냅스가 만들어져 망가진 뉴런의 역할을 대신 감당하는데, 이를 가소성의 원리라고 합니다.

이 시냅스는 외부의 자극으로 만들어집니다. 자극을 주면 줄수록 정보 전달을 하는 시냅스 크기가 커지고, 한 번에 많은 양의 정보를 주고받게 됩니다.

아이가 태어나면 시각과 청각, 미각과 후각이 아예 없거나 아주 미약합니다. 하지만 태어나서 환경에 의한 자극이 뇌 안에 변화를 일으키는데, 대혁명이라고 할 만한 변화입니다. 그래서 시각과 청각, 미각, 후각 등의 뉴런에서 가지치기가 시작되고, 이 가지에서 시냅스가 만들어지며, 이를 통해 보고 듣고 읽고 말하고 느끼는 것입니다.

뉴런이 작더라도 가지치기를 많이 하기도 합니다. 이 경우에 시냅스가 많아져 정보를 주고받는 시스템이 잘 만들어지고, 뉴런의 개수와는 전혀 상관없이 공부를 잘할 수 있습니다. 그래서 머리 좋은 아이가 공부를 잘하는 것이 아니라 여기에 시냅스가 만들어져 공부를 좋아하는 아이가 잘하는 것입니다.

여기서 '좋아한다'를 '선호도'라고 합니다. 뉴런은 새롭게 만들 수 없지만 선호도라는 시냅스는 후천적으로 훈련과 교육을 통해 얼마든지 만들어집니다. 좋은 유전자도 중요하지만 타고난 유전자를 어떻게 개발하는지가 더 중요합니다.


Q. 뇌에서 정보를 주고받는데 필요한 뇌파의 역할이 궁금합니다.

A. 뇌에서 발생하는 전류라고 할 수 있습니다. 뇌파의 역할이 있어야 생각하고 행동합니다.

뇌에는 1,000억 개의 뉴런이 있습니다. 뉴런에서 가지 뻗기가 발생하는데 이때 자극에 의해 수상돌기가 만들어지고, 정보를 주고받는 시냅스가 됩니다. 한 개의 뉴런에서 수십 수백 수천 개의 가지가 만들어지고 한 가지에 정보를 주고받는 시냅스 역시 수백 수천 개가 만들어지는데 이들이 정보를 주고받으며 우리를 생각하고 행동하는 역할에 뇌파가 필요합니다. 수백만 개의 시냅스 활동과 펄스의 활동을 측정해서 뇌파를 5가지로 나누고, 뇌파의 세기에 따라 이름을 붙인 것입니다.

잠잘 때 나오는 가장 약한 뇌파를 '델타파'라고 합니다. 델타파는 1초에 약 1~4의 주파수를 나타내며, 세타파는 초당 4~8 정도로 편안한 상태입니다. 알파파는 8-13 정도이고, 각성 상태의 뇌파는 베타파로 13-30 정도입니다. 마지막으로 40 이상의 감마파가 있는데, 고도로 주의를 집중할 때 나오는 뇌파입니다.

델타파 | 1~4 정도의 약한 뇌파로 깊은 수면에 들었을 때 나타나며, 뇌에 장애가 있어도 나타납니다. 잠잘 때 델타파가 나와야 하는데 그렇지 못해 불면증에 걸리는 것이지요. 사람이 자야 하는데 뇌는 깨어 있다고 생각해 보십시오. 얼마나 힘들겠습니까?

나는 커피에 약합니다. 그래서 하루에 두 잔 정도가 좋은데 어쩌다 늦은 오후에 마시면, 뇌가 맑아져서 뜬눈으로 지새우다가 겨우 잠이 듭니다. 다음날은 하루 종일 피곤합니다. 이처럼 어쩌다 한 번이 아니라 매일 깊은 잠을 못 잔다면 얼마나 힘들지 짐작이 갑니다. 그러나 요즘에는 훈련으로 델타파를 만들기도 합니다.

세타파 | 주로 생각할 때 나타나는 뇌파입니다. 평안한 상태 혹은 이완 상태에서 창의력과 문제해결능력이 이루어질 때의 뇌파입니다. 가끔 어떤 생각에 잠기거나 좋은 아이디어가 떠오르는 것을 경험하는데 이때 나타나는 뇌파입니다.

세타파는 묵상 기도를 할 때도 나타납니다. 운동선수가 운동하면서 무념무상일 때 좋은 기록을 낸다고 합니다. 어떤 경지를 경험했다고도 하는데, 고통이나 피로감 혹은 두려움 등 온갖 생각이 없어지고 아무 생각 없이 긴장이 풀린 상태의 뇌파를 세타파라고 합니다.

알파파 | 보통 8~13 정도의 뇌파를 말하는데 두뇌 중 후두부에서 우세하게 나타납니다. 8Hz는 강한 세타파 같은 기도 혹은 무념무상일 때, 아주 조용한 바닷가 휴양지 그늘 밑에서 편안하게 누워 있을 때의 상태입니다

알파파는 감정의 뇌라고 하고, 일상생활에서 문득 마음이 편안할 때를 느끼는데 뇌파입니다. 예를 들어 눈이 쌓인 풍경을 보거나 감동적인 드라마나 영화를 볼 때, 숲이 우거진 산속의 나무 아래 쉬고 있을 때, 어떤 공부를 해도 잊지 않을 것만 같고 기분 좋은 일이 생길 것 같은 느낌, 산속에서 멀리 바라다보는데 나뭇잎까지 뚜렷하게 보이고 작은 새의 예

쁜 깃털까지 보일 듯한 그 느낌이 바로 알파파입니다.

베타파 | 14-30Hz 세기를 말하며, 이는 각성된 뇌 상태를 말합니다. 주의 집중이 이루어지고 육제적 운동 중 집중할 운동에 몰입할 때 나타나는 뇌파입니다. 이것이 강하면 스트레스파라고도 해요. 긴장이 길어지면 스트레스가 되기 때문입니다. 적당한 스트레스는 몸에 도움이 되지만 지나친 각성은 오히려 몸에 해롭습니다. 밤보다 주로 낮에 나타나는 뇌파로 민첩한 행동을 할 때 나타납니다.

감마파 | 30Hz 이상에서 나타나는 뇌파로 극도의 불안이나 흥분된 상태입니다. 주로 정신이상자에게서 볼 수 있지요. 많은 생각들로 가득차서 정리나 집중이 되지 않으며 작은 일에 화가 치밀어 오릅니다. 화를 참을 수 없어 스스로 뇌가 부정적으로 변화되고 힘들어하며 괴로워합니다. 보통 사람들에게서는 찾아보기 힘든 뇌파입니다. 최근 뇌파 훈련을 통한 심리적 치료가 활발하게 이루어지고 있다고 합니다.

뇌파검사는 원시 뇌파검사와 현재상태 뇌파검사로 이루어집니다. 원시 뇌파는 다음 분석표가 주어집니다. 예를 들어 기준 진폭은 뇌력을 말하는데 나이에 따라 차이가 있으나 보통 5-7 정도를 정상으로 봅니다.

그래프에 12로 나타났다면 지나치게 뇌력이 강해서 산만하다는 것을 의미합니다. 12부터 ADHD를 의심해야 합니다. 반대로 2-3 정도라면 아이는 무기력증이라고 판단됩니다. 또한 5Hz에 우뇌 초록색이 높게 나타나고, 7Hz에 높게 나타난다는 것은 나이는 9살이나 정신 연령은 6세 수준이고, 학습능력이 현저하게 약하다는 것을 알 수 있습니다.

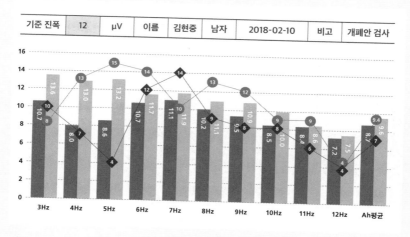

| 기준 진폭 | 12 | μV | 이름 | 김현중 | 남자 | 2018-02-10 | 비고 | 개폐안 검사 |

<원시 뇌파검사 분석표>

그밖에 뇌파검사는 현재 자기 조절지수를 알 수 있고, 스트레스와 뇌 건강 상태를 볼 수 있으며, 휴식과 주의력, 집중력의 숫자를 통해 정신적이나 육체적 스트레스와 주의가 산만한 정도, 집중력과 집착 관계를 알 수 있습니다.

손을 쥐었다 폈다 하고, 물건을 입으로 가져 가기도 하고
몸을 뒤집거나 뒹구는 등 아이는 스스로 학습이 가능합니다.
그래서 0세부터 교육이 이루어진다고 하는 것입니다.

**PART 4**

# 0세부터 독서교육이
# 시작됩니다

# 책 읽는 뇌 만들기

"박사님, 제 아이가 어려서는 책을 너무 좋아해서 별명이 '책 박사'였는데 커 가면서 점점 책을 멀리해요. 어떻게 해야 할까요?"

그럼, 저는 이렇게 묻습니다.

"부모님은 책을 읽으시나요?"

"도무지 책 읽을 시간이 없어요. 아이들 준비물 챙겨 학교에 보내고, 집안 정리해야지요. 어떻게 하루가 가는지 모르겠어요. 언제 책을 읽겠어요?"

"스마트폰은 어느 정도 보시나요?

"하루에 한두 시간은 검색하고 동영상을 보곤 합니다."

이 정도 간단한 대화를 해도 아이가 왜 책을 안 읽는지 알 수 있다. 엄마의 훈육에 의해 강압적으로 책을 읽던 아이는 학교에서의 생활이 길어지고 학년이 높아질수록 책을 멀리할 수밖에 없다. 게다가 가정에서 부모가 책 읽는 모습을 보여주지 못한 데 더 큰 원인이 있을 것이다.

엄마가 행복해지는 우리 아이 뇌 습관

이는 시각 뉴런의 반영이다. 뉴런(neuron)은 신경계를 구성하는 세포이다. 신경세포는 나트륨 통로, 칼륨 통로 등 이온 통로를 발현하여 다른 세포와는 달리 전기적인 방법으로 신호를 전달할 수 있다. 또한 인접한 신경세포와 시냅스라는 구조를 통해 신호를 주고받음으로써 다양한 정보를 받아들이고 저장하는 기능을 한다.

그러나 대부분 부모님들은 왜 아이가 책을 읽게 하려면 부모가 책을 읽어야 하는지 의문을 가진다. 아이들의 두뇌 발달에 관한 강의를 참석하는 열정적인 부모님들이지만 아이들과 함께, 또는 스스로 책을 읽을 짬이 안 난다는 것이다.

사실 우리나라 성인의 독서량은 부끄러운 수준이다. 독서량이 그 나라의 문화 수준을 가늠하는 척도라고 하는데, 해마다 독서량이 줄어든다는 통계이다. 이 현상은 디지털 시대에 따른 자연스러운 감소로 볼 수 있지만 일 년에 한 권도 읽지 않는다면 심각하다고 할 수 있다. 세계 최하위권 독서 수준이면서 노벨문학상만 넘보고 있다면 부끄러운 일이다.


두뇌 발달 즉 공부도 잘하고 깊은 사고력을 길러 주는 데는 독서만큼 좋은 훈련이 또 있을까? 독서의 '읽기 능력', '읽는 사고력'에 관하여 이야기 하고자 한다. 철저하게 후천적으로 만들어지는 '읽기 능력' 즉 '읽는 사고력'은 아이의 평생을 좌우할 정도이다.

아이가 한글을 읽기 시작하면 보이는 대로 소리 내서 읽기 시작하지만 그 뜻을 알지 못한다. 읽는 사고력은 '글을 읽고 정확하게 내용을 파악하는 힘'이다. 읽는 사고력은 읽은 내용을 정확히 알고 이야기 할 수 있거나 파악할 수 있어야 한다.

책을 읽을 때 글자를 잘 보고 뜻을 머릿속으로 생각해서, 말하듯이 읽는 것이 바로 낭독의 정의이다. 이렇게 책을 잘 읽는다면 뇌에서 이미지 언어라고 하는 베르니케 영역과 동적 언어라고 말하는 브로커 영역이 발달한다.

이 두 영역은 바로 말하고 듣고 읽고 쓰기의 기본이 되는 영역이므로 한마디로 책을 잘 읽는 것은 이해력이 좋다는 것을 의미한다. 어려서부터 책을 잘 읽는 아이들이 읽기 능력뿐 아니라 듣는 뇌, 쓰는 뇌, 말하는 뇌가 발달한다. 책을 많이 읽은 아이는 읽기뿐만 아니라 쓰기에도 뛰어나다.

대학 입학시험, 각종 자격증 시험은 물론, 실생활에서 흔히 만나는 사용 설명서, 공공 안내문 읽기 등 늘 읽어야 하고 이해해야 다음 단계로 진행할 수 있다. 학생이라면 과제물을 위해 인터넷 검색이나 도서관의 자료를 찾아내어 적절하게 글쓰기를 해야 한다. 직장인이라면 문서나 서류를 읽고 업무를 처리해야 하는데, 그 기초 능력은 읽기의 힘이다. 결국 읽기 사고력은 아이의 지식 축적의 첫걸음이자 필수 능력이다. 일상의 경험과 함께 책읽기는 간접 경험인 셈이다.

공부를 잘하는 아이의 경우 단연코 어린 시절의 독서량이 많다. 인기 있는 영재 프로그램에서도 뛰어난 아이들의 환경은 책이 넘쳐난다. 곤충 박사라는 아이도 책을 통해 곤충들을 배우고 접하고, 한 번도 본 적도 없던 나비들의 종류와 이름을 말할 수 있다.

우리나라 전국 어디에나 크고 작은 도서관들이 있으며, 어린이 도서가 수준별 분야별로 활발하게 출간되고 있다. 독서 프로그램과 교육 활동도 아이들 눈높이에 맞추어 다양하게 준비되어 있다. 아이들의 독서 능력을 키워 줄 만한 생활 환경도 높은 수준이다.

그런데 왜 아이들이 책을 읽지 않을까? 책 읽는 뇌는 타고나는 것이 아니라 만들어진다. 이 점을 알아야 한다. 아이들 대부분은 어릴 때 책 읽기를 좋아하다가 고학년으로 올라가면서 책 읽는 정도가 점점 줄어드는 현상도 앞서 말했듯이 시각 뉴런을 활용하지 못했다는 반증이다.


우리 연구소에서는 매달 저학년 학부모 교육이 있다. 학부모 교육은 한 달에 책을 한 권씩 천천히 읽고, 중요한 문장에 줄긋기 한 다음, 그 책의 중요 내용을 프로젝트로 정리해서 발표하는 학부모 독서모임이다.

부모님들이 한 달에 책을 3권 읽는다는 것은 쉬운 일이 아니다. 집안일 하면서 틈나는 대로 꾸준히 읽어야 한다. 그러나 책 읽는 뇌가 미처 만들어지지 않은 부모님들에게 책 읽기는 힘든 일이지만, 6개월 정도 지나면 책 읽는 뇌가 만들어지면서 좀 더 재미있고 쉽게 읽게 된다.

이렇게 책을 안 읽던 어른들도 책 읽는 뇌가 만들어지면 즐겁게 책을 읽을 수 있다. 그렇다면 어린 시절에 책 읽는 뇌가 만들어진다면 얼마나 좋겠는가.

어른들이 일이 바쁘다는 핑계로 책을 읽지 않는다면 아이들에게 아무리 책 읽기가 좋다고 얘기한다고 해도 아무 소용없다. 아이는 시각 뉴런에 의해 어른들을 자연스럽게 모방하면서 성장하기 때문이다. 부모님들의 독서 습관은 아이들에게 그대로 영향을 준다.

지금 우리 집을 CCTV로 촬영을 한다고 가정해 보자. 그리고 아이가 매일매일 그런 환경을 찍어 저장했다면, 10세 이후에 그 저장된 메모리대로 아이가 행동한다는 사실을 알게 될 것이다. 올바른 자녀를 키우고 싶다면 지금 우리 부부가 아이에게 어떤 모습을 보이고 있는지를 점검하기 바란다.

부모들의 행동을 되돌아보면 우리 아이가 어떻게 자랄지 이미 답이 나와 있다고 할 수 있다. 아이들은 가르친 대로 자라는 것이 아니라 보여준 대로 자란다는 사실을 잊어서는 안 된다.

## 시각 뉴런을 훈련하자

늑대소녀가 기억이 난다. 어려서 잃어버린 아이가 늑대하고 살다 구조되었는데 먹고 말하고 생각하고 가치관까지 늑대가 되어 있다는 것, 구소련에서는 어릴 적에 잃어버린 아이가 들개들과 살았는데 구조할 때 보니 이 아이는 개처럼 먹고 개처럼 행동하더라는 것이다. 인간은 개와 살면 개처럼 늑대하고 살면 늑대처럼 말하고 먹는다. 하지만 개나 늑대는 사람이 10년을 길러도 사람처럼 먹고 말하는 동물은 없다.

이렇게 동물들은 아무리 똑똑해도 태어날 때 이미 정해져서 태어나고 3개월이면 뇌 발달이 끝나 어미 없이도 혼자서 살아간다. 그래서 개는 3개월만 지나면 개인지 늑대인지 구분이 되고 종자나 품종을 교육이나 훈련으로 바꿀 수 없다. 제주도의 조랑말이 훈련시킨다고 경주마가 될 수 없다는 것이다.

하지만 인간은 뇌가 백지로 태어나서 잘만 키우면 인류를 구원하는 정도는 아니더라도 살면서 사람들에게 존경받고 많은 사람들에게 희망을 줄 수 있는 사람부터 아무 이유 없이 사람들을 죽이는 늑대만도 못한 사람까지 교육과 훈련에 의해 만들어지는 것이다.

이렇게 사람이 늑대 하고 살면 늑대가 되는 것은 바로 시각 뉴런의 힘이다. 아버지가 어머니를 학대하면 이를 보고 있는 자녀들은 이 모습을 보기만 해도 아버지의 분노가 뇌에 만들어지거나 어머니의 아픔이 뇌에 만들어지는데 이것을 시각 뉴런이라고 말한다.

엄마들은 아이들에게 시집 가서 나처럼 살지 말라고 말을 하는데 사실은 더도 말고 덜도 말고 꼭 나처럼 살게 되는 것이다. 늑대 하고 산 아이가 양처럼 행동할 수는 없는 것이다. 가정교육이란 올바른 교육을 시키는 것도 중요하지만 부모가 어떤 모습을 보이는가는 더 중요한 것이 바로 시각 뉴런의 효과 때문이다.

부모가 책 읽는 모습을 매일 아이에게 보여 준다면 이 아이 역시 자라면서 책 읽는 뇌 만들기가 편할 것이고, TV 보는 모습만 보인다면 이 아이 역시 자라면서 스크린 중독이 될 가능성을 가졌다고 볼 수 있다. 과거에 아버지가 매일 술 먹고 부인을 폭행하는 집 아이가 자신은 절대로 술 안 먹을 거라고 다짐하지만 그 아이가 크면 아버지보다 더 심하다는 말을 듣기도 한다. 이렇게 자녀는 부모의 행동을 보면서 배우는 것이다.

그런데도 많은 부모님들은 아이가 보는 데서 서로에게 함부로 말하고 행동하면서 아이가 잘 자랄 거라고 착각을 한다. 집에 많은 책과 많은 교구들이 아이들을 잘 자라게 할 수는 없다는 것을 알아야한다.

자녀를 올바르게 잘 키우고 싶다면 지금 우리 부부를 냉정하게 바라보아야 할 것이다. 나는 아이들에게 어떤 모범을 보이고 있는가. 나는 아내로 남편에게 남편으로 아내에게 어떤 모습을 보이고 있는지 생각해 보고 뒤돌아 보아야 할 것이다.

주택 복권은 요행이 있다. 그래서 운이 좋으면 대박이 날 수도 있다. 하지만 자녀 교육은 운으로 일어나는 일이 아니다. 반드시 심은 대로 거두는 것이 자녀 교육이다. 부모가 가정에서 올바른 모습을 보여주지 못한다면 이 자녀들은 올바르지 않다. 사회가 아이들에게 좋은 모습을 보여 주지 못한다면 그 나라의 미래가 없을 것이다.

엄마가 행복해지는 우리 아이 뇌 습관

# 스스로 학습이
# 가능한 신생아

이 시기에는 맞벌이라고 해도 육아 휴직 등을 활용하여 엄마가 주양육자가 되길 바란다. 엄마와의 애착 형성이 잘된 아이는 이후 성장기를 거치는 동안 좋은 인성으로 성장할 가능성이 높다.

교육의 중요성은 올바른 인성, 소통공감능력, 문제해결력, 자립심을 가진 자존감이 높은 아이를 목표로 하면서 결과적으로 4차 산업혁명 시대의 창의적이고 융복합적인 인재를 꿈꿀 것이다. 그렇다면 아이와의 커뮤니케이션이 무엇보다 중요하다.

0살에서 3살까지를 0세 교육이라고 한다. 아이를 컴퓨터라고 한다면 본체를 만드는 시기라고 할 수 있다. 컴퓨터가 기능적으로 역할을 수행하려면 시스템이 갖추어져야 하는 것과 같다. 아이의 기본을 만드는 교육인 셈이다. 씨앗을 심고 뿌리를 내리는 '과정중심교육'이 이루어져야 하는 것이다.

아이는 태어나면서 스냅스가 급속도로 만들어진다. 그러다가 서서히 솎아내기 과정을 거쳐 만 3세에 성인 수준이 되어 학습을 할 수 있는 뇌가 만들어진다.

상추 씨앗을 뿌리면 씨앗만큼 상추가 나온다. 이때 솎아내기를 잘해야 나머지 상추들이 잘 자랄 수 있는 것처럼 영아기 뇌는 이러한 솎아내기 과정이 일어나야 하는 것이다. 이 솎아내기 과정이 가시화

되어 느껴지는 것은 무엇보다 빠르게 진행되기 때문이다. 전두엽은 더 늦게 솎아내기 과정이 이루어진다.

그래서 15세 전후 청소년기를 '가지치기 시기'라고 하고, 아이들이 전두엽의 솎아내기 과정을 '중2병'에 걸렸다고도 한다.

3살이면 좌뇌와 우뇌가 분리된다. 이때 씨앗에서 싹이 트고 뿌리를 깊이 내릴 수 있도록 자리매김을 잘해야 바람이 불거나 눈보라가 몰아쳐도 잘 성장하여 열매를 맺을 수 있다. 아이 뇌에는 약 1,000억 개의 뇌 세포(뉴런)가 있는데 이를 유기적으로 활용할 수 있도록 해야 하는 것이다.

이 시기에 오감을 자극하는 훈련이 필요하다. 시각, 청각, 촉각, 후각, 미각을 의미하는데, 이를 자극하는 훈련은 우뇌 발달에 효과적이다.

청각을 위해서는 책을 읽어주는 부모의 목소리가 좋다. 자연에서 들을 수 있는 청아한 새소리, 졸졸 흐르는 물소리, 나뭇잎을 흔드는 바람소리도 좋다.

또 촉각을 자극하기 위해 자주 안아주어야 한다. 팔과 다리 마사지를 한다거나 자주 목욕을 시킨다거나 특히 손가락이나 발바닥에는 신경이 많이 분포되어 만져주는 것이 좋다. 천정에 움직이는 모빌을 달아놓는 것도 시각을 자극하기 위해서이다.

이 시기에 무엇이든 쉽게 싫증을 느낀다. 그래서 모빌도 입체적이면서 건드리면 음악이 나오는 등 요란스럽다. 오감을 자극하기에 변화무쌍한 움직임이 좋은 훈련법이다. 파스텔톤의 벽지가 주는 부드럽고 평안한 자극도 우뇌 발달에 도움을 준다.

맛을 느끼는 미각 훈련은 식습관과 연관되기에 세심히 살펴야 한다. 여러 맛을 거부감 없이 느끼도록 입맛을 자극하는 것도 효과적이다. 작은 수저로 비타민의 신맛으로 아이의 혀를 자극해 보라. 같은 방법으로 단맛이나 쓴맛, 신맛이나 짠맛을 더 경험하게 하면 좋겠다. 하지만 지나치게 자극적이지 않도록 주의하라.

후각 역시 미각과 마찬가지로 냄새에 다양하게 노출되어 자극을 느끼도록 하고, 아이의 반응을 살펴보자. 오감 자극 시기가 지나 2-3살에 기어다니다가 걸음마를 시작한다. 스스로 감각 훈련을 본능적으로 시도하는데, 이때 부드러운 장난감이나 모래를 활용한 놀이가 좋다.

이 시기에 '스스로 학습'이 시작된다. 태어나는 순간부터 우는 아이의 습관을 만들어 가야 한다. 그렇지 않으면 24시간 서성거리는 엄마 노릇으로 지친다. 아이가 안기고 싶을 때마다 울고, 울 때마다 안아준다면 우는 습관을 갖게 된다. 수유를 할 때도 조금이라도 먹고 싶으면 울 것이다. 이와 같이 울음의 횟수가 늘어간다면 아이에게는 자기도 모르게 스스로 학습을 한 셈이다.

아이가 울 때마다 안아주거나 수유하지 않고 지켜보면서 왜 우는지를 관찰하기 바란다. 아이가 우는 이유가 기저귀를 갈아 달라는 것인지, 배가 고픈 것인지, 아파서 우는지를 알 수 있다. 아이가 우는 동안 지켜보면서 파악하는 것도 필요하다.

아이가 울기만 하면 된다는 습관은 스스로 학습된 것이다. 이뿐만이 아니다. 손을 쥐었다 폈다 하거나, 물건을 입으로 가져가거나, 몸을 뒤집거나 뒹구는 등 스스로 학습으로 가능하다. 그래서 0세 교육이라고 한다.

## 오감 자극과
## 그림놀이

뇌는 균형있게 발달되어야 한다. 스마트폰과 게임, SNS에서 무분별한 정보에 익숙하게 살아가지만 뇌에 입력된 정보는 크게 차이나지 않는다.

손바닥만한 스마트폰 화면에서 읽어내는 조각글들은 휘발성의 흥밋거리 글들이 많다. 하지만 그 중에서 누구는 인터넷 중독자가 되고, 누구는 게임개발자가 되는 것같이 이를 대하는 온도 차가 크다. 교육의 관점에서 해석하지 않으면 안 될 것이다.

0세 교육 시기를 지나 3살이 되면 뇌량이 만들어지는데, 이때 그림을 활용하는 과정중심교육이 필요하다. 그래서 이 시기의 교재들은 대부분 그림책이다. 뇌 발달을 단계적으로 나누면 0~3세는 오감 자극에 의한 교육, 3살 이후 그림에 의한 교육, 초등학교에 올라가면 글과 말을 통해 교육이 이루어져야 한다.

좌뇌가 발달하기 전에 우뇌교육이 이루어지지만, 뇌량이 형성되면 오감과 함께 생각하는 힘을 길러주어야 한다. 그림이나 책을 보면서 생각하게 해야 한다.

소나무 한 그루가 있는 그림이 있다고 가정하자. 이 소나무 그림으로 생각을 끄집어내야 한다.

"이 소나무 이름은 무엇일까?"

"이 소나무는 어디서 본 적 있니?"

"어떤 색깔이었어?"

이러한 질문은 그림을 보는 아이의 생각하는 이미지를 꺼내려는 것이다. 소나무 그림이 두뇌 속 관련 정보를 꺼내는 징검다리인 셈이다. 그리고 나서 소나무 종류를 얘기하고, 일요일에 아이에게 소나무 보러 산에 가자고 약속한다.

아이는 그림에서 본 소나무, 엄마 아빠 이야기에서 들었던 소나무를 산에서 만난다면 학습 효과가 배가된다. 소나무 주위의 다른 나무들과의 차이점을 알아보는 것도 좋다. 아이가 발견하는 정도에 따라 관찰력 중 보는 사고력이 어떠한지 알 수 있다.

만일 아이에게 산에 올라가는 데 목적을 두었다면 뇌 속에 있던 소나무 그림과 연결된 교육은 이루어지지 않는다. 마시멜로 효과 실험에 근거한다면 소나무 그림이 아이에게 생각하게 하고, 산에 가기 위해 기다리다가 소나무와 주변 나무들과의 차이점을 발견하는 효과를 누리게 된다.

아이는 생각을 끄집어내면서 소나무에 대한 정보가 많아지고 산에 오르면서 융복합적인 시각을 가졌을 것이다. 왜 소나무 잎은 이렇지? 왜 솔방울이 달릴까? 등등 궁금증이 많아져서 더 탐구하고 싶어진다.

이 같은 과정을 중시하는 교육과 달리 결과중심교육은 소나무를 가리키며 '소나무는 침엽수'라고 가르쳐준다. 그밖에 나무 종류가 얼마나 많은지 열거하면서 읽어줄 것이다. 참나무, 아카시아 나무 등등 많은 정보들을 가르친다.

"참나무는 잎이 커서 활엽수이고, 열매 이름은 도토리라고 해."

그리고 아이가 기억하는지 확인한다.

"소나무에 대해 말해 봐."

"참나무의 잎은 소나무와 다르지?"

"조금 전에 엄마가 가르쳐 주었잖니?"

이러한 교육은 소나무에 대해 흥미를 잃게 만들고, 학습욕구를 망가뜨린다. 혹시 아이가 소나무에 대한 관심도보다 강아지에 대해 더 궁금해 한다면 어떻게 할 것인가? 아이의 관심이 어디에 있는지 묻는 것도 좋다.

"강아지 그림을 그리자."

"꼬리가 내려가 있을 때는 기분이 나쁜 거래."

"현관을 향해 짖는 것을 보니 택배 아저씨를 경계하나 봐."

아이는 그림을 그리면서 강아지를 구체적으로 생각하고 상상하면서 자신만의 그림을 창조한다. 뇌 발달 시기에 그림은 좋은 학습 효과를 가져온다.

## [그림으로 표현하기]

이야기 내용을 스스로 생각해서 말하도록 하는 것이 선행되어야 한다. 또 스케치북이나 공책에 그림을 그려도 좋다. 글쓰기가 되는 아이라면 그림 일기처럼 5가지 방법을 쓰게 하고, 또 자전거를 잃어 버렸을 때 어떻게 할지 표현하도록 하자.

### [놀이 1] 친구와 함께 산길을 가다가 웅덩이에 빠졌어요. 어떻게 할까요?

철수는 경수와 함께 집 근처 숲속에 소풍을 갔습니다. 그런데 낯선 곳을 탐험하고 싶다는 생각에 새로운 숲속으로 갔습니다. 너무 깊숙이 들어온 것 같아 되돌아가다가 길을 잃고 말았지요. 이리저리 헤매다가 지쳤고, 날은 어두워져서 큰일이었습니다.

"저쪽으로 가 보자."

경수가 큰 나무가 있는 쪽을 가리켰습니다.

"그래. 그쪽으로 가 보자."

철수는 경수의 의견에 따랐습니다. 그런데 앞서 가던 경수가 순간 웅덩이에 빠졌습니다. 웅덩이가 너무 깊어 철수 혼자 경수를 구출할 수 없었습니다. 어떻게 해야 할까요? 5가지를 말하고, 그림을 그려 보세요.

1. 깊은 웅덩이는 누가 파 놓았을까요?
2. 깊은 웅덩이를 본 적이 있나요?
3. 웅덩이에 빠지지 않으려면 어떻게 했어야 할까요?
4. 둘 중에 누가 철수인가 말해보고 철수를 그려 보세요.
5. 그림을 보고 생각나는 것을 말해 보세요.

## [놀이 2] 친구의 자전거를 타다가 그만 잃어버렸어요. 어떻게 할까요?

준호는 새로 아빠가 선물한 자전거를 타고 달렸습니다. 준호의 새 자전거가 멋져 보이고 준호가 부럽기만 했습니다. 나도 자전거를 사 달라고 해야겠습니다. 그런데 준호가 내 마음을 알아차렸나 봅니다.
"성현아, 이 자전거 탈래?"
나는 신이 나서 준호의 자전거를 타고 달렸습니다.
"고마워, 준호야. 동네 한 바퀴 돌고 올게."
지나가는 사람들이 부러운 듯 나를 쳐다보는 것만 같았습니다. 그런데 잠깐 집에 들려 준호에게 줄 과자를 가지고 나오자 자전거가 사라졌습니다. 나는 얼른 준호에게 달려갔으나 자전거는 없었습니다. 준호는 슬이와 놀고 있었습니다.
"내 자전거 어디 있는 거니?"
준호는 자전거가 보이지 않자 무척 놀랐습니다. 나는 사실대로 말했습니다. 어떻게 해야 자전거를 찾을 수 있을까요? 5가지 방법을 말하고 그림으로 그린 다음 느낀 점을 말해보셔요.

1. 어떤 자전거였는지 그릴 수 있을까요?
2. 자전거를 잃어버리지 않으려면 어떻게 해야 했을까요?
3. 자전거가 사라진 후 놀라는 표정을 나타내보세요.
4. 준호에게서 배울 점은 무엇일까요?
5. 이야기 중에 떠오르는 장면을 그리세요.

# 전두엽이 아이에게
# 미치는 영향

3세부터 전두엽이 발달하는 민감기에는 특히 뇌교육이 집중적으로 이루어져야 한다. 이 무렵에 발달하는 전두엽의 역할에 따라 교육을 어떻게 할지 정해지기 때문이다.

전두엽을 말할 때 〈피니어스 게이지 실험〉은 잘 알려져 있다. 피니어스 게이지는 미국 버번트주 철로 부설 현장의 발파반장이었다. 바위나 산을 깎는 작업 중에 다이나마이트를 사용했는데 그 관리자이기도 했다.

깊숙이 구멍을 뚫고 그곳에 다이너마이트를 넣은 다음 쇠막대기로 다이너마이트를 깊숙이 밀어넣어서 폭파시키는데, 이 쇠막대기를 사용하다가 잘못된 충격으로 다이너마이트가 폭발하면서 지름

3cm, 길이는 1m, 무게는 6kg의 쇠막대기가 그의 턱을 관통하여 왼쪽 눈의 뒤쪽까지 관통하고 말았다.

그는 기적처럼 살아서 다시 직장으로 복귀했으나 예전의 그가 아니었다. 전두엽의 손상으로 이성적인 판단을 하지 못하고, 성격이 변덕스러웠으며, 언어 폭력을 서슴치 않았다. 사회성도 떨어져서 일꾼들과 어울리지도 못했다.

피니어스 게이지를 치료한 의사 존 할로우는 전두엽의 중요성을 강조했다. 그 후 전두엽의 역할이 무엇인지 세상에 알려졌으며, 전두엽의 손상을 입으면 사이코패스가 될 확률이 높다는 연구 결과가 나왔다. 사이코패스는 자기와 관계도 없는 사람을 무차별하게 살해해도 미안하거나 죄의식을 갖지 못한다.

이처럼 전두엽의 발달은 살아가는 데 미치는 영향이 크다. 아이가 지나치게 자기중심적이거나 친구들과의 관계에서 수단 방법을 가리지 않는다면 전두엽 이상을 염두에 두고 점검해야 한다.

전두엽의 민감기에 기다릴 줄 아는 인내와 집중력이 만들어지는데, <마시멜로 실험>이 이를 뒷받침한다. 살펴보기로 하자.

4살 또래 아이들 653명을 대상으로 스텐포드대학의 미셸 박사가 실험한(1966년) 마시멜로 실험은 유아기와 초등학교 저학년인 10살 이전의 교육이 얼마나 중요한지 재조명하는 계기를 마련했다.

이 실험은 말랑말랑한 마시멜로 1개 담긴 접시와 2개 담긴 접시를 참가자에게 보여주며 15분을 기다린다면 마시멜로 2개 담긴 접시를 주겠다고 약속한다. 그러나 바로 먹은 아이, 참다가 먹은 아이, 끝까지 참고 기다린 아이, 이렇게 세 부류로 나누어졌다.

세 부류의 아이들에 대해 실험 후 15년이 지난 1966년에 역추적하여 조사했다. 먹지 않고 기다린 아이들은 대학입학시험(SAT)에서 또래에 비해 뛰어난 성취도를 보였고, 학교 성적뿐 아니라 마약이나 폭력, 알코올 중독 등 학교생활과 사회생활에서 안정적이었다. 더구나 기다릴 줄 아는 교육이 인내심과 집중력을 발달시킨다는 것도 알게 되었다. 기다릴 줄 아는 아이는 학습성취도 외에 인간관계가 원만하여 리더십을 발휘할 수 있다.

부모는 빨리빨리 결과가 이루어지기를 바란다. 공부를 가르치면 높은 성적을 기대하고, 잘 이루어지지 않는다고 안절부절하다가 아이 대신 뭐든지 해주고 만다. 이는 마시멜로 실험이 주는 기다림의 중요성을 간과하는 태도이다. 이러한 엄마는 결국 아이 스스로 생각하고 행동하는 뇌를 만들어주지 못한다.

다시 마시멜로 2차 후속 실험을 한 결과, 마시멜로가 보이거나 보이지 않을 때 차이를 알 수 있다. 기다림이나 절제력의 차이가 현저했다.

또한 아이들의 상상력과 창의력은 뇌의 전전두엽에서 나오며, 책을 읽게 되면 전전두엽을 많이 사용하게 되면서 상상력이 강화된다.

인간이 스스로 얻을 수 있는 정보는 빅데이터에 비해 아주 적으나 반면에 존재하지 않는 새로운 정보를 상상하거나 행복해지고자 하는 욕구는 인간의 고유영역이라고 할 수 있다. 이와 같은 상상력이나 창의력, 인성은 책 읽기에서 비롯된다.

그래서 뇌가 만들어지는 시기인 영유아기에는 무엇보다 책 읽기가 중요하다. 12세 이전에 독서 습관을 길러 주는 것이 좋다. 이 시기에 받아들인 자극을 가지고 평생 사용할 뇌 신경망을 형성하고, 어릴 때 경험하거나 알게 된 정보는 뇌 구조를 만들어가는 동력이기 때문이다.

# 읽고 나누는
# 독서 습관

초등학생은 글자와 오감을 자극하는 뇌교육을 해야 한다. 0세 교육이 오감을 자극하여 씨앗을 뿌리내리게 하는 것과 같다면 3-5세 유아기는 컴퓨터 본체를 세팅하는 과정이다. 그리고 초등학교 저학년 시기의 교육은 컴퓨터의 프로그램을 만드는 것이라고 할 수 있다.

아이의 부모가 뇌 발달 과정을 이해하지 못한다면 USB를 아이 두뇌(컴퓨터)에 꽂고 있는 상태이다. 부모가 가르치면(USB를 꽂아서) 100점, 부모가 안 가르치면(USB를 빼면) 30점을 맞았다면서 사교육에 몰입하여 뇌를 망가뜨린다.

이 아이는 책을 읽고 독서감상문 숙제를 하려면 다시 책을 베끼게 된다. 책을 읽기는 했으나 아무 생각없이 읽는 바람에 독서감상문으로 정리할 수 없다.

부모교육 수준에 따라 아이의 생각이 다르다. 학년이 올라갈수록 아이 생각은 수준이 되어 성적으로 나타난다. 저학년 때는 나타나지 않아 아이의 수준이 어떠한지 가늠이 되지 않아 부모 생각대로 아이를 결정하기 때문이다.

독서 습관은 학습 능력의 차이로 나타난다. 어떤 방법으로 읽었느냐가 학습성취도와 관계가 있다. 신문에서 '공부 잘하는 아이들에 대하여'라는 칼럼을 읽었는데 참 마음에 와 닿는 문장이 있었다. '교과서는 밥 먹듯이 읽고 책은 숨 쉬듯이 읽는다'는 이 말에 공감한다.

교과서를 밥 먹듯이 읽고 책을 숨 쉬듯이 읽는데 어떻게 성적이 우수하지 않겠는가? 어려서부터 책을 무작정 읽히는 것보다 어떻게 읽히는가가 중요하다. 간단한 글을 읽고 내용을 말하라고 하면 아무 말 못하는 아이가 있다. 왜 그럴까? 가장 중요한 것이 빠져 있기 때문이다.

글자를 눈으로 보는 것도 중요하고 큰소리로 읽는 것도 중요하지만, 눈으로 본 글자를 머리로 생각해야 한다. 내용을 생각하지 않으면 책의 내용을 기억하지 못한다.

이런 현상이 왜 생겼을까? 처음에 책을 대하는 방법이 잘못되었기 때문이다. 한글을 잘 알지 못하는 아이에게 동화책을 읽으라고 하면 책이 좋을 리 없다. 알지 못하는 글자에 온통 마음이 쏠린다. 동화 내용을 모르는 채 글씨만 집중하는 습관이 자리잡은 것이다.

또 글씨를 모르는 아이에게 전집을 읽으라고 하면, 재미있는 책만 골라서 읽다가 말아서 끝까지 읽은 책이 없는 경우도 있다. 건성으로 책을 읽었던 것이다. 또 책 읽기 숙제가 지나치게 많다면 건성으로 읽을 수밖에 없다. 내용에 집중하기보다 빨리 숙제를 해치워야 한다. 학년이 올라가면서 책의 수준도 높아져야 하는데, 수준이 올라가지 못하면 다양한 책 읽기가 어렵다. 책의 수준만 올린다면 문제는 더 심각해진다.

독서 습관은 첫 단계부터 강요하기보다 부모가 함께 아이가 책을 대하는 정도를 관찰하면서 어떻게 읽힐지 어떤 책을 읽게 할지 조절해야 한다. 논리적 사고력이 발달하는 단계에서 무조건 많이 읽으라고 한다면 책 읽기를 기피하고 말 것이다.

아이와 함께 책을 읽고 책 내용을 나누면서 독서를 지도하는 것이 좋다. 내용에 대해 여러 관점에서 생각하면서 이야기한다면 엄마는 아이 생각을 알 수 있고, 엄마의 생각이 아이 독서 습관을 안정되게 한다.

책 내용을 집중해서 읽지 못하면 큰소리를 내어 책 읽기를 하는 것이 좋다. 강요하듯이 한 권을 다 읽으라고 하는 것보다 아이의 독서량을 조절하면서 읽은 데까지 이야기하게 하고, 또 읽고 이야기 하게 하는 것도 좋은 독서 지도 방법이다. 읽기만 하는 것보다 생각하고 대화하는 시간에 비중을 두어야 한다.

# 독서감상문
## 쓰기

독서감상문은 책을 읽고 마음에 떠오르는 느낌이나 생각을 자유롭게 표현한 글이다. 글뿐만 아니라 그림이나 시, 만화 등으로 독서감상문을 표현하기도 한다.

어떤 중요한 내용을 핵심적으로 표현하기도 하고, 본문 중 일부를 인용하여 느낀 점도 쓰기도 한다. 책을 읽게 된 동기나 책을 읽고 달라진 생각 등 쓰는 것도 좋다. 책의 내용만 쓰면 재미도 없고 감동도 느껴지지 않는다. 책을 읽고 난 후 생각이나 감동을 더 생생하게 전달할 수 있어야 한다.

만화책은 옛어른들에게는 기피 도서이기도 했다. 하지만 읽기도 하고 보기도 하고 상상할 수 있다는 점에서 만화는 아이들의 뇌 발달에 좋은 영향력을 준다. 그러나 만화책에 익숙해지다 보면 글만 읽는 데 흥미를 잃을 수 있어서 균형잡힌 독서 습관이 필요하다. 책도 편식하지 말고 골고루 다양하게 읽기를 바란다.

독서 후 감상문을 쓴다는 것은 생각을 정리할 수 있고 오래 기억에 남는다. 그래서 책 내용을 요약하면서 주제가 무엇인지, 핵심 가치와 교훈이 무엇인지 찾아내는 재미를 느껴야 한다. 요약 습관은 학습에도 반영될 뿐더러 생각과 느낌이 강화되면서 우뇌 발달에 효과적이다.

책을 읽고 깨달은 것이 없는데 감상문을 써야 한다면 어려운 일이 아닐 수 없다. 글을 가르칠 수는 있으나, 책을 읽고 깨닫고 느끼게 하는 것을 가르치기란 어려운 것이다.

독서감상문을 잘 쓴다는 것은 공감능력이 뛰어나다는 것을 알 수 있다. 예를 들어 동화 속 주인공 캐릭터를 이해하고 스토리의 상황이나 모습들을 연상했을 때 더 많이 생각하면서 글로 표현하고자 하는 욕구가 생기기 때문이다.

공감능력은 아이에게 매우 중요한 힘이다. 공감한다는 것은 정서지능과 감성지수를 포함하는데 친구들 사이에서 조화를 이루고, 학교생활에서 좋은 리더십을 형성할 수 있다. 감성지수 역시 자신의 느낌이나 감정을 잘 알아차린다는 의미이기도 해서 가족이나 친구들의 태도나 마음가짐도 잘 알아차린다. 그러니 함께 어울리는 데도 유리하고 상황 판단이 빨라서 도움이 필요한 순간에 앞장서서 리더십을 발휘할 수 있고, 이와 마찬가지로 책 속의 이야기를 이해하고 생각하는 힘도 뛰어날 것이다.

만약 아이가 책을 읽고 어떠한 감동도 느끼지 못한다면, 아이의 독서 습관을 다시 점검할 필요가 있다. 지나치게 흥미 위주의 책 읽기였는지, 하루에 몇 권을 읽으라는 등 강요하듯이 책을 읽게 했는지 떠올려보기 바란다.

아이가 책 읽기를 지루해한다면 필사, 즉 책의 내용을 베껴 쓰게 해보자. 필사란 책의 내용 중에 아이에게 인상 깊고 재미있거나 교훈을 주는 문장들을 찾아내게 한 다음 노트에 그대로 동일하게 쓰는 것을 말한다. 유명 소설가들 중에는 필사가 소설쓰기에 큰 도움이 되었다고도 한다.

문장들을 필사한 후 엄마와 함께 소리내어 낭독하는 즐거움도 느껴보기 바란다. 책의 주인공의 대화체를 낭독할 때는 상황에 몰입하도록 상황을 설정한 다음에 감정을 담아 낭독하는 것도 좋다. 등장인물에게 슬프거나 불쌍하거나 사랑스러운 감정을 느꼈다면 편지쓰기 같은 독서 후 활동을 통해 글쓰기를 이어가는 것도 좋다.

성산고등학교의 설립자 홍성대 이사장의 인터뷰 내용을 기억한다. 내 또래라면 알고 있을 베스트셀러 『수학의 정석』 저자이다.

이 학교는 고등학교 1학년부터 필독서를 정해 독서 활동을 활발하게 전개했다. 책을 읽는 데 그치지 않고, 독서 후 주제나 스토리에 대해 토론하고, 저자를 초청하여 강연회를 열기도 한다. 입학해서 졸업할 때까지 3년 동안 이렇듯 커리큘럼으로 진행하는 독서교육은 아이의 인생에 구체적인 가치를 부여하기에 충분하다.

독서교육은 대학진학률에도 기여했다는 평가이다. 내신이 불리한 특수목적고등학교의 단점을 보완하여 논술과 면접 수준을 높여 학생들이 선택한 대학의 학과에 입학하게 되었다. 독서 활동이 가져온 효과인 감성과 논리적인 사고로 안정감 있는 뇌 습관이 학습성취도에도 영향을 주었다고 본다.

# 독서 후
# 활동의 즐거움

〈한 학기 한 권 읽기〉는 2018년부터 초중고 교과과정에 전격 도입된 독서 수업 방식이다. 수업 시간에 책 한 권을 읽으면서 자신의 생각을 표현하고 다른 사람과 생각을 나누며 의사소통 능력과 협동 능력, 아울러 창의력과 문제해결능력을 기르는 데 목적이 있다.

학부모들과 함께 초등학교 저학년을 대상으로 독서감상문 쓰기를 강의한 적이 있다. 그날은 1학년부터 3학년까지 학년별 수준에 맞춘 책을 읽고 나서 느낌이나 생각을 토론하고 발표하였다.

아이들이 그룹별로 독서 토론하는 모습을 지켜보면서 놀라게 되었다. 아이들마다 생각이 다르고 느낌이 다를 텐데, 변별력이 없는 이야기들이 대부분이었다. 책을 요약하는데 급급하고, 자기 생각이나 느낌을 거의 담아내지 못했다.

나는 아이들에게 책의 내용이나 주인공의 대사에서 동질감을 느끼지 않았는지 물었다. 그러자 아이들의 눈빛이 달라졌고, 적극적으로 손을 들고 발표하는 내용이 달라졌다. 주제를 중심으로 발표하기도 했고, 주인공의 성격에 공감하면서 말투까지 흉내내면서 표현하기도 했다. 뜻밖이었다. 단지 동기부여만 했을 뿐인데 아이들의 토론 태도가 달라졌던 것이다.

1학년생이 읽을 책은 전래동화 『콩쥐 팥쥐』였는데, 주제에 다가가는 질문에 대해 토론하기로 했다.

"엄마가 팥쥐 엄마처럼 느낀 적이 있었나요?"

"자신이 콩쥐 같다고 생각하나요?

아이들은 순간 머뭇거리면서 관람하고 있는 학부모들을 살펴보기도 하고 친구들의 눈치를 보는 아이도 있는가 했지만, 한 아이가 발표하기 시작하자 너도나도 손을 들기 시작했다.

아이들은 '팥쥐 엄마' 캐릭터에 공감하고 있었다. 마찬가지로 자신을 콩쥐처럼 불쌍한 존재라고 느끼기도 했다. 물론 유년기의 성숙되지 않은 사고 체계에서 비롯되는 발상이었지만, 학부모들 앞에서 발표하는 시간이어서 뜻깊은 자리였다. 학부모들에게는 엄마 아빠의 자리를 객관화해서 다시 바라보는 계기가 되었을 것이다.

독서 후 활동은 종합적인 사고력 향상에 도움을 준다. 책을 읽는 후 생각하고 표현하는 즐거움을 통해서 소통하는 말하기 능력이 발달하고, 말하고 쓰고, 들을 내용을 표현하면서 깊은 사고력과 표현력이 생긴다.

# 어떤 마음으로
# 읽어야 할까?

아이에게 책을 읽은 후 줄거리를 요약하게 하면서 첫 문장의 중요성을 강조한다. 작가가 왜 이 문장을 처음에 썼을까 궁금하게 하고, 나머지 내용을 아이 마음대로 만들어 보라고 하는 것도 창의력과 상상력을 위해 좋은 교육 방법이다. 책의 주제를 더 깊이 이해하고 글의 맥락과 구조를 아는데 도움이 된다.

또한 책 내용을 생각나는 순서대로 발표하는 시간을 가져 보자. 그 글을 읽었을 때는 재미있게 흥미진진했는데 발표하려고 하자 생각나지 않는 내용이 있고, 유난히 선명하게 떠오르는 내용으로 구별된다. 그렇다면 한 번 더 읽으면서 왜 그랬을까 확인하면서 다시 읽는 독서의 재미를 느끼면 생각하는 힘이 깊어지고 넓어진다,

초등학교 저학년의 책읽기는 전체를 파악하는 힘이 부족하고 생각하는 힘이 부족하기 때문에 스토리의 한 장면에 몰입할 경우 독서 지도가 필요하다.

만약 아이가 공연히 엄마를 『콩쥐 팥쥐』의 팥쥐 엄마처럼 받아들이고 자신은 콩쥐처럼 불쌍하게 인식하는 계기가 될 수 있기 때문이다. 그렇다면 계모인 팥쥐 엄마에게 학대받은 콩쥐가 어떻게 해야 한다고 생각하는지 질문해 보자.

콩쥐는 살아가는데 필요한 인간의 존엄성과 행복할 권리를 빼앗

졌다는 점을 알기 쉽게 설명하면서 아이에게 '인간의 기본권'이 뭔지 말해주는 교재이기도 하다.

한 아이가 독서 후 발표한 내용이다.

『콩쥐 팥쥐』를 읽고 엄마를 팥쥐 엄마 같다고 왜 생각했는지 살펴보았습니다. 나를 위해 말씀하시고, 나를 위해 가르치려고 하신 것이지요. 내가 불편하고 힘들다고 엄마를 팥쥐 엄마처럼 생각한 것을 반성했습니다.

엄마를 위해 뭔가 하고 싶어서 신발장을 정리했습니다. 현관의 신발들도 가지런하게 놓았습니다. 엄마가 보시더니 무척 기뻐하셨습니다. 용돈 500원! 역시 우리 엄마 최고입니다.

독서감상문을 검토하면서 역시 아이의 뇌는 유연해서 좋은 것도 나쁜 것도 빨리 흡수한다는 데 놀라웠다. 교육의 힘이 이처럼 중요하다는 것을 실감할 수 있었다.

초등학교 2학년은 『김유신 장군』을 읽었는데, 아이들의 글 대부분이 독서감상문이라고 보기 어려웠다. 책 내용의 많은 부분을 베껴 썼던 것이다. 왜 그랬을까? 그리고 마지막에는 "나도 김유신 장군처럼 훌륭한 사람이 되어야겠다"라고 마무리를 했다.

책의 주인공 김유신 장군은 뛰어난 전술로 신라군을 승리로 이끌었던 장수이다. 부하들에게는 사랑을 베풀었으며 공을 세웠다고 우쭐대지 않는 성품이었다. 결심을 위해 아끼던 말의 목을 벤 이야기, 누이와 김춘추의 혼인 이야기, 전쟁터로 가는 마음을 다잡으려고 집을 지나친 이야기 등이 아이들에게 흥미로웠을 것이다.

나는 어떤 내용이 아이들의 독서 활동에 영향을 줄지 살펴보다가 다음 내용으로 역할극을 하기로 했다.

김유신 장군이 훈련을 하지 않고 매일 술만 마시며 방탕한 생활을 하고 있을 때 하루는 아버지께서 김유신을 불렀다. 꾸중을 들은 김유신은 다시는 술집에 가지 않고 열심히 훈련을 해서 훌륭한 장군이 되겠다고 약속을 하고 그 약속을 지켰다.

어느 날 고된 훈련을 마치고 집으로 돌아오는 길에 말에서 졸았는데, 말은 김유신 장군을 술집으로 데려갔던 것이다. 화가 난 김유신 장군은 말의 목을 베어버렸다.

김유신 장군이 술에 빠져 세월을 보내고 있을 때 김유신의 아버지는 그를 불러서 어떻게 말했을지 2명에게 역할극을 하도록 했다. 한 명은 김유신 장군의 아버지, 한 명은 김유신 장군 역할을 하면서 토론을 하기로 했다.

"내가 장군이라면 과연 말을 베어버렸을까?"

"아버지와 약속을 한 적이 있었나?"

아이들은 두 질문에 대해 서로 진지하게 생각과 경험을 풀어놓았다. 한 아이가 두 번째 질문에 대해 얘기했다.

"아버지께서 게임기를 선물로 주셨습니다. 하루에 1시간 이상 하

엄마가 행복해지는 우리 아이 뇌 습관

지 않기로 약속했습니다. 그런데 약속을 지키지 못했습니다."

"김유신 장군이라면 어떻게 했을까?"

"게임기를 재활용 날에 버렸을 거예요."

그러자 그 자리가 웃음바다가 되었다. 그리고 같은 아이가 이 주
제를 정리하여 독서감상문을 다시 썼다.

나는 김유신 장군이 어떻게 해서 훌륭한 장군이 되었는지 알았습
니다. 약속을 잘 지킨 장군의 성품이 가장 기억이 남았습니다. 아
빠와의 약속을 잘 지키지 않는 내가 불만스럽기 때문입니다.

처음에는 하루 1시간 게임하기를 지켰지만, 몰래몰래 게임을 하게
되었습니다. 앞으로 훌륭한 소방관이 되고 싶은 저는 약속을 잘 지
키는 사람이 되고 싶습니다.

만약 책을 읽고 내용을 생각하지 않았다면 이런 깨달음을 얻을
수 있었을까? 이처럼 아이가 책 내용을 자기 자신에게 적용하면서 교
훈을 얻는다면 더 좋은 독서 활동이 되는 셈이다.

책이 인성에 영향을 주고 행동의 변화를 이끌어낸다면, 무리한
선행학습보다 독서 활동이 잠재력을 발견하는데 더할 나위 없는 동
기부여가 될 것이다.

『효녀 심청전』독서감상문을 소개한다.

나는 효녀 딸이다. 왜냐하면 옆집 아주머니께서 "조은이 엄마는 좋

겠어요! 효녀 딸을 두셔서요"라는 말을 자주 들었기 때문이다. 학교
에서 반장이고 선생님 말씀도 잘 듣고 성적도 우수한 편이어서 아
빠에게도 칭찬을 듣는다. 동생도 잘 돌보고 심부름도 잘한다.

나는 자기를 '효녀 딸이다'라고 소개한 아이의 글에 주목하고 '현
대판 심청전'의 역할극을 연출하기로 했다.

실제로 배역을 정해서 지나가는 아저씨에게 구걸하는 장면을 연
기하는 것이다. "아버지께서 아파요! 500만만 주세요."라고 외치기도
하고, 또 남의 집을 마구 두드리는 연기를 하면, 아주머니가 나온다.
그러면 "아주머니, 아버지께서 아프셔요. 밥 좀 주세요."라고 사정하
도록 하였다. 아이들의 연기력은 의외로 자연스러웠다.

이번에는 독서활동 마지막 날, 500밀리 우유팩에 윗부분을 잘라
내고 목에 걸도록 끈을 달아 구걸하라고 했다. 역할극에서 했던 대
로 길거리에서 구걸하라는 것이다.

배역을 맡은 아이는 심청이의 심정으로 거리의 사람들에게 500
원만 달라고 구걸하고, 식당에서 밥을 달라고 해야 한다. 10분이나
지났을까. 아이들은 길거리에서 아무런 행동을 하지 못하고 한쪽에
모여서 걱정만 하고 있었다.

나는 오늘 경험한 일을 정리하면서 독서감상문을 쓰도록 했다.
그런데 앞서 예시된 아이의 글이 달라졌다.

나는 효녀 딸인 줄 알았다. 그런데 막상 심청이가 되어 아버지께서

아프시다고 상상하면서 500원을 구걸하려고 했지만 말이 나오지 않았다. 용기가 나지도 않았다. 나는 효녀 심청이처럼 눈 먼 아버지를 위해 지팡이를 잡아 이끌면서 밥을 구걸하지 못했을 것이다. 이제는 어떤 상황에도 용기 있게 행동하는 딸이 효녀라고 생각한다.

이 글은 독서 활동이 아무리 좋다고 해도 무작정 많이 읽게 해서 머릿속에 넣으라고 강요해서는 안 된다는 것을 일깨우고 있다. 배역을 맡아서 연기하는 것과 실제로 경험하는 것은 전혀 다르다. 한 권의 책에서 10가지, 20가지의 독서 효과를 누릴 수 있다. 그러려면 아이에게 잠재된 생각과 느낌을 끄집어내야 가능할 것이다.

과정중심교육이 확산적이고 통합적인 사고력을 키운다. 그러나 여전히 지나친 선행학습과 결과중심교육으로 힘들게 하여 아이의 미래를 망치는 경우가 있다.

내 아이의 마음을 읽고 아이가 좋아하는 책, 즐거워하는 책 읽기가 되기를 바란다. 가능하다면 엄마가 함께하는 독서활동, 아빠가 함께하는 독서활동을 통해 행복한 책 읽기 습관이 이루어지기를 기대한다.

# 생각하고
## 표현하기

그림일기란, 그날 일이나 느낌을 그림으로 표현하는 일기이다. 초등학교 저학년 아이는 글을 쓰거나 문장으로 표현하지 못하기 때문에 그림일기가 좋다.

하루를 되돌아보면서 아이의 기억에 인상 깊은 장면을 떠올리게 될 것이다. 매일 반복되는 유사한 장면보다 가능하면 어제와는 다른 내용을 표현하도록 지도한다. 사소하게 물컵을 떨어뜨려 당황하는 장면을 표현해도 좋다. 생일 같은 이벤트가 있는 날은 그림으로 그리고 싶은 장면이 많다.

어려서부터 일기 쓰는 습관은 기억력과 사고력을 발달하게 하고 창조력, 상상력, 논리력이나 발표력에도 효과적이다.

"아이에게 언제 일기를 쓰게 하나요?"

나는 이러한 질문에 그림을 그릴 수 있다면 시작하라고 한다. 글을 쓰지 못해도 괜찮다. 낙서 같은 그림일지라도 표현한다는 것은 뇌 습관에 좋은 영향을 미친다. 그날의 일을 기록하면서 반성하고 다짐하면서 생각하는 힘이 길러진다. 글을 쓸 줄 알아야 일기를 쓴다고 생각한다면 그때는 너무 늦을 수 있다.

오늘 누구와 어디서 무엇을 했는지, 기분이 좋았는지, 화가 난 이유가 무엇인지 등 아이에게 일어난 일을 그리게 한다면 하루 일을 생각

엄마가 행복해지는 우리 아이 뇌 습관

하면서 즐거워하고 행복하기도 할 것이다. 부끄러운 일도 있다. 단지 그림을 그리는 것이 목적이 아니라 반성하고 성찰하는 훈련이기도 하다.

초등학교 2학년 딸과 함께 엄마가 연구소에 찾아왔다. 초등학생인가 할 정도로 키가 컸다. 그래서 언제나 교실 맨 뒷자리에 앉는다고도 한다.

상담을 요청한 것은 짝꿍 남자아이가 지나치게 개구쟁이여서 괴롭다는 것이다. 심지어 책상 가운데 금을 긋고 연필이나 지우개가 그애 쪽으로 넘어가면 빼앗아버리고 돌려주지 않았다.

하루는 새로 산 그애 필통이 딸의 자리 쪽으로 넘어왔고, 그애가 했던 대로 필통을 돌려주지 않았다. 그런데 하굣길에 부리나케 쫓아온 그애는 신발주머니로 딸의 머리를 때리고 강제로 자기 필통을 가져가버렸다는 것이다. 딸의 일기를 살펴보자.

오늘은 짝꿍 필통이 내 자리로 넘어왔다. 얼른 필통을 빼앗았다. 그애가 온갖 협박을 해도 모르는 척하기로 했다. 그동안 내가 빼앗긴 것에 비하여 아무것도 아니었던 것이다.

그런데 학교에서 집으로 돌아가는 길에 그애가 갑자기 나타나서 신발주머니로 내 머리를 세게 때리고는 필통을 가져가버렸다. 너무 아파서 눈물이 날 정도였다. 나도 그애를 더 세게 때리고 싶었지만 길 가던 아저씨에게 꾸중을 들을 것만 같았다. 그냥 집으로 왔더니 자꾸 화가 난다. 그래도 먼저 사과하고 화해해야겠다.

이렇게 일기는 썼던 딸이 다음날 먼저 등교해서 교실에 앉아 있는 그애를 보자마자 신발주머니로 머리를 내리치고 말았다. 아뿔사! 신발주머니에 매달린 철제 장식이 그애 귓바퀴에 걸리면서 2센티 가까이 찢어지는 사고가 난 것이다.

며칠 후 엄마는 딸의 일기 내용이 궁금했다.

"수지야, 일기에는 사과하겠다고 쓰고, 왜 그애를 때린 거니?"

"솔직하게 일기를 쓰면 선생님이 별표를 주지 않거든요."

일기장에 별표를 받기 위해 거짓말을 썼다는 얘기였다.

이처럼 일기를 쓰는 목적에서 벗어나면 차라리 쓰지 않는 편이 낫다. 일기장에 별표를 받겠다고 거짓말을 하고, 거짓말을 해서라도 착한 아이로 보이고 싶다면 일단 인성교육은 실패한 것이다. 게다가 아이는 이중적인 스트레스로 글쓰기에 흥미를 잃을 수도 있다.

일기 쓰는 습관을 길러주는 그림일기는 엄마 아빠나 선생님이 아이의 상황을 이해하는 방법 중에 하나이기도 하다. 아이의 마음속으로 다가가는 통로라고 할까?

엄마 뜻대로 아이가 성장하기를 바란다. 그러나 무엇이든 제가 하겠다고 떼를 쓰고, 점점 반항하면서 도저히 이해하기 힘든 행동이 시작되는 아이를 어떻게 대처해야 할지 모를 때 그림일기에 아이 마음을 알아차리는 것도 한 가지 방법이다.

엄마 아빠는 대부분 아이가 문제행동을 보일 때 이해하려고 하기보다 자기 기준에 맞게 아이를 바꾸려고 한다. 그래야 좋은 부모이고

엄마가 행복해지는 우리 아이 뇌 습관

아이를 위한 양육 태도라고 믿고 있다. 하지만 이렇게 하다보면 아이의 행동이 진짜 행동인지 가짜 행동인지 알 수 없다.

아이는 태어날 때부터 자기 의지를 갖고 있다. 아무것도 할 수 없던 아이가 혼자 걷고 조금씩 말문이 트이면서 자기주장을 하기도 한다. 어느덧 '미운 일곱 살'이라는 말도 옛말이다. 이제는 미운 세 살이고, 한 대 때리고 싶은 일곱 살이라고 할 정도로 아이 양육 기준이 달라져야 하는 것이다.

만약에 엄마와 아이의 성격이 전혀 다를 경우 참고해야 한다. 애교 만점인 엄마에 과묵한 아이, 활달한 엄마인데 아이는 내성적일 수 있다. 이럴 때 그림일기 또는 일기의 효용가치는 극대화된다. 일기에서 아이의 마음 상태를 알고 엄마의 역할을 찾을 수 있기 때문이다.

아이가 일기 쓰기를 힘들어한다면 그 이유가 긴 문장을 쓰기를 어렵거나 그림일기장을 다 채워야 한다는 부담에서 비롯될 수도 있다. 그럴 경우 자연스럽게 아이의 생각에 맞추어 짧은 문장도 괜찮다고 하고 일기장을 다 채우지 않아도 된다고 일러주자.

아이는 짧은 문장으로 자신의 감정을 표현할 수 있게 되고, 자연스럽게 아이의 생각을 묻고 일기에 잘 표현하도록 지도하다 보면 아이를 힘들게 하는 게 무엇인지 알아차릴 수 있다. 부모와 함께 교환하는 일기를 써보는 것도 아이에게는 즐거운 글쓰기 방법이고, 엄마 아빠는 아이를 이해하는 좋은 방법이다.

# 우리 아이 뇌 습관 Q&A

**Q. 과정중심교육에 대해 구체적으로 알고 싶어요**

## A. 결과중심교육에서 벗어나야 한다고 봅니다.

서울시교육청은 22개의 중학교를 '과정중심평가 선도학교'로 지정해 지필고사를 폐지하고 수행평가를 확대한다고 합니다. 이는 2015년 개정 교육과정이 '과정중심평가'를 내세웠던 것과 같은 맥락에서 진행한다고 보이구요.

새 교육과정은 2020년까지 전학년을 대상으로 확대될 계획이라서 과정중심평가 역시 많은 학생들에게 적용되리라고 보입니다. 하지만 모든 평가를 과정중심평가로 할 수는 없을 것입니다. 아이들을 개별적으로 확인해야 가능한 평가이기 때문입니다.

더구나 과정중심평가는 학습을 진행한 다음에 평가하는 것이 아니라 과정마다 아이에게 맞은 교육적 피드백이 가능해야 하구요. 틈틈이 아이의 학습 상태를 확인해야 하는데, 선생님들이 모든 과목을 과정중심교육으로 진행한다는 것을 불가능하다고 보입니다.

그러므로 가정교육이 중요한데, 갈수록 맞벌이 부부에 한 자녀 가정이 많고, 보육 시설의 교사나 탁아모가 주양육자인 경우가 늘어나는 추세여서 과연 진정성 있는 과정중심평가를 기대하기에는 시기상조라고 보입니다.

선생님들의 평가만이 아니라 자가 평가나 친구 평가같이 종합적이고 통합적인 관리가 필요할 수 있겠습니다. 무엇보다 과정중심평가를 도입했다면 결과가 중요시해서도 안 될 것입니다.

　과거에는 얼만큼 많이 아는지에 초점을 맞추었습니다. 평균 점수가 몇 점이면 전체 몇 등급이고 어떤 학교를 진학하겠다는 예측을 했던 것이지요. 이제는 학력 개념이 무엇을 할 수 있는지 역량에 초점을 맞춥니다. 배운 것을 현장에서 활용한다는 면에서 보면 과정중심평가가 옳다고 봅니다.

　아이의 부족한 부분을 발견하여 일대일 교육이 이루어지면서 성취감이 높아지는 것을 보면 교육의 가치를 실감하게 될 것입니다. 더구나 고급 과외로 지나친 선행학습을 하거나 달달 외워서 시험을 잘 보는 아이에게 높은 평가가 내려지는 일은 사라지지 않을까 싶습니다.

**Q. 4살과 6살 아이들을 위해 가정생활의 규칙을 만들고 싶습니다.**

**A. 무엇을 하라고 하기 보다 무엇을 하지 말아야 하는지를 강조하십시오.**

　이 시기의 아이들은 뇌 중에서 전두엽이 활성화되는 민감기입니다. 그래서 유치원이나 어린이집을 보낼 때 반드시 스스로 준비하도록 훈련이 필요합니다. 전두엽은 논리적이고 체계적이며 순서적인 뇌이며 양심을 담당합니다. 그래서 아이가 스스로 어느 옷을 입어야 하는지 반찬은 어느것을 먹을지, 신발은 어떻게 신어야 하는지 등 스스로 생각하고 행동해야 하는 것입니다.

그래서 4살부터 6살 아이들이 있는 가정에는 좀 더 많은 규칙이 필요합니다. 0~3살 아이들에게 가정생활 규칙은 잘 먹고, 잘 놀고, 잘 자는 것에 중점을 두었다면, 4~6살아이들의 경우는 무엇을 해야 하는지보다 무엇을 하지 말아야 하는지를 강조해야 합니다.

우선 규칙을 정하기 전에 아이와 대화하십시오. 엄마 아빠가 정했으니 무조건 따라서 해야 한다는 것은 아이가 생각할 기회를 빼앗는 것입니다.


**복습의 중요성 |** 아이들은 하나를 여러 번 익힘으로 뇌에서 시냅스가 형성되어 뇌 발달이 이루어집니다. 많은 양의 학습보다는 오늘 배운 것을 다시 익히는 것이 더 뇌 발달에 도움이 됩니다. 가령 아이가 유치원에서 나뭇잎을 가지고 미술 활동을 했다면 아마 주어진 시간 안에 충분히 만족스러운 활동을 하지 못했을 겁니다.

그러면 이 활동을 집에서 다시 하게 하는 것은 어떨까요? 유치원보다 더 많은 재료와 충분한 시간, 엄마 아빠라는 조력자가 있다면 아이는 분명 마음껏 작품을 표현할 수 있을 것입니다.

우리나라 유아교육과정은 아이들의 발달단계에 맞게 잘 짜여진 프로그램입니다. 하원 후 충분히 이야기 활동을 통해 아이가 여러 가지 영역별 학습을 복습할 수 있도록 기회를 만들어줍니다. 이것은 뇌 발달에 도움이 됩니다.

　사교육은 부모의 불안감에서 시작하기보다 아이가 원하는 시기에 시작하는 것이 바람직합니다. 친구가 피아노 배우는 게 재미있어 보여서 '저도 하고 싶어요!'라고 할 때가 적절한 시기입니다. 누가 영어를 빨리 배웠는가보다는 누가 영어를 좋아하는지가 성공의 열쇠입니다.

　**칭찬하기 |** 아이들은 서툴고 혼자 무엇을 해내기가 어렵습니다. 의지도 약하고 집중력도 약합니다. 부모님은 이 점을 꼭 기억하셔야 합니다. 우리 아이만 그런 것이 아니라 성장기 아이들의 공통점입니다. 1살에 넘어지는 아이에게는 혼을 내지 않습니다. 손을 잡아주고 더 잘 걸을 수 있게 응원합니다. 그러나 이 아이에게 넘어질 때마다 혼을 내고 큰소리를 지른다면 아이는 걸음마를 하려고 하지 않습니다.

　아이가 잘할 수 있는 원동력은 바로 자신감입니다. 아이가 늦다고 혹은 잘못한다고 혼을 내지 마세요. 그렇다고 아이의 투정을 모두 받아주라는 의미는 아닙니다.

　**일관성 있는 훈육 |** 아이를 키우다 보면 훈육할 일이 생깁니다. 친

구를 때리거나 물건을 던질 경우 분명 잘못된 점을 지적해 주셔야 합니다. 하지만 부모님은 지적만 하고 야단만 친다면 아이의 상처받은 마음이 자칫 커져서 트라우마가 될 수 있습니다. 이 트라우마는 성장하면서 아이의 성격에 많은 영향을 미칩니다.

또 일관성도 중요합니다. 양육자의 기분에 따라 달라지는 훈육은 아이에게 혼란을 주고 엄마 아빠가 무섭다고 기억하게 됩니다. 실제로 부모님들이 아이를 무조건 혼내다 보니 왜 야단쳤는지 기억하지 못하는 경우도 있습니다. 또 하지 말아야 할 규칙은 부모와 아이가 지켜야 규칙을 아이와 함께 만들고, 부모가 그 규칙의 모범이 되어야 합니다.

**Q. 0-3살 아이에게도 가정생활 규칙이 필요할까요?**

**A. 이 시기의 아이에게는 주양육자의 선택이 중요합니다.**

세살 버릇 여든 간다는 속담은 뇌교육에 가장 어울리는 속담입니다 어린아이는 들은 대로 말하고 본대로 행동하는데, 어른들은 아이들 앞에서 함부로 말하고 좋지 않은 행동을 서슴치 않습니다. 그대로 아이의 가치관이나 행동에 문제로 드러나게 된다는 점을 기억해야 합니다. 특히 어려서 가진 좋은 습관은 뇌 건강뿐 아니라 성격 형성과 뇌 발달의 기본이 되므로 철저한 훈련이 무엇보다 중요합니다.

0-3살의 아이는 마냥 이쁘기만 해서 이 시기에 어떤 규칙도 없이 키우다가 유아기에 무엇을 가르치려고 합니다. 이는 잘못된 생각입니다. 좋은 습관은 평생 간다고 할 것입니다. 특히 상담을 하다보면 이런 문제들에 대한 질문이 가장 많습니다.

- 아이가 떼를 많이 부립니다.
- 편식이 심합니다.
- 밤에 잠을 늦게 잡니다.
- 형제간에 싸움이 많습니다.
- 스마트폰에 집착합니다.
- 스스로 아무것도 하지 않습니다.
- 마음이 여립니다.

이런 문제는 어떤 한 가지 방법으로 문제가 해결되기 어렵습니다. 우선 현재 아이의 환경을 살펴보면 쉽게 문제점을 찾을 수 있습니다. 요즘은 유아기부터 어린이집이나 전문교육기관에 맡겨지는 아이들이 많고, 각각의 아이들은 유사한 환경에 노출되는데, 그 중 문제 아이의 부모는 그 원인을 가정에서 찾지 않으려고 합니다. 마치 내가 같이 없던 곳에서 아이의 문제가 발생할 수 있다고 생각합니다. 하지만 아이들의 행동에 문제 원인은 대부분 가정환경과 주양육자 문제에서 오는 경우가 많습니다.

아이가 아직 어려서 엄마와 아빠, 혹은 조모나 베이비시터 등 주양육자가 함께 대화를 통해 계획을 세워야 합니다. 맞벌이 부부인 경우 양육 문제로 갈등이 빈번합니다. 잘잘못을 따지기 전에 대화하면서 규칙을 정하기 바랍니다. 출근하는 엄마가 일방적으로 "아이를 이렇게 키워주세요"라고 하기보다 모두 함께 동참하는 양육 방법이 효과적입니다.

**수면은 일정한 시간에** | 아이의 수면은 성장과 건강에 밀접한 영향을 줍니다. 그러나 이를 지키지 않은 가정이 의외로 많습니다. 아이의 수면환경은 불빛이 없어야 하며 전자파의 영향을 받지 않는 곳이 좋습니다. 일정한 시간의 규칙적인 수면습관을 꼭 길러주세요. 평소 많은 상담자들이 아이의 규칙적이지 않은 수면패턴을 걱정하는 경우가 많은데 그런 경우 부모의 수면 또한 불규칙하다는 공통점이 있습니다. 아이에게 부모는 올바른 환경은 줄 수 있어야 합니다.

**스크린은 놀이가 될 수 없다** | 놀이는 오감을 사용하면서 정서적 교감을 나누어야 좋습니다. 먹고 움직이고 만지고 하는 모든 활동이 아이들에게는 좋은 놀이입니다. 그러나 아이의 움직임 없이 보기만

하는 스크린, 특히 터치만으로 반응하는 스마트폰은 아이의 정상적인 뇌 발달에 부작용을 일으키며 여러 가지 심각한 문제를 만들고 있습니다. 아이가 영향을 받지 않게 양육자도 스마트폰이나 컴퓨터 사용을 삼가하십시오.

**식습관은 규칙적이어야 |** 식사시간에 잘못된 방식 중 하나는 양육자가 식사를 빨리 끝내기 위하여 아이에게 억지로 먹이거나, TV를 보여주는 경우입니다. 식사시간은 아이에게 즐거운 경험이며 자극이어야 합니다. 식사하는 동안 음식에 집중할 수 있게 주변을 정리하고, 규칙적이어야 합니다 부모도 함께 아이가 올바른 식사를 하도록 모범을 보여야 합니다.

0~3살 아이에게는 교육보다는 보육이라는 단어가 적절합니다. 잘 먹고, 잘 자고, 잘 놀아야 합니다. 이 3가지에 가장 집중하는 것이 올바른 보육의 기본입니다.

좌우 뇌의 뇌 발달 교육은 뇌가 열려 있는 정도나 닫혀 있는 정도에 따라 이루어집니다. 이는 8가지 영역으로 추상력, 언어사고력, 수리력, 추리력은 좌뇌 영역이며, 우뇌 영역은 집중력과 협응력, 구성력, 시각적 통찰력, 지각 속도력입니다.

# PART 5

# 8가지 영역
# 뇌교육이 궁금해요

# 추상력은 몰입해야
# 발달한다

　손으로 만지는 놀이를 좋아하고, 가상의 스토리를 만들면서 역할을 연기하고 싶어하거나 지나가는 길에 우연히 발견한 개미의 행동을 유심히 관찰하는 행동은 아이 뇌 발달에 중요한 요소이다. 이 과정이 있은 후에야 추상력 발달이 가능하기 때문이다. 뇌 발달 과정에서 가장 나중에 발달하는 추상력은 몰입이 뛰어난 아이가 더 빨리 발달한다.

　유독 한 가지에 푹 빠져 시간 가는 줄 모르고 몰두하는 아이가 있다. 엄마는 책이나 공부에 빠지면 우리 아이가 천재라면서 자랑스러워하지만 노는 일에 몰두하면 그다지 달가워하지 않는다. 하지만 몰입을 한다는 것은 무엇이든 긍정적으로 바라보기 바란다.

　유아기 아이들은 흥미가 생기면 스펀지처럼 흡수한다. 어떤 아이는 알파벳을 좋아해서 척척 알아차리는가 하면 지나가는 자동차 기종을 모두 알아맞춘다. 그것에 몰입해서 관심을 가졌다는 얘기이다.

엄마가 행복해지는 우리 아이 뇌 습관

낙서하기를 좋아하는 아이는 스케치북과 크레파스를 좋아하고, 책 읽기에 빠지는 아이는 서점을 놀이터보다 더 좋아한다. 교육적으로 아이의 몰입력은 그 아이의 미래 비전이 될 수 있는 열쇠이기도 하며, 더 나아가 학습 잠재력이 높다고 볼 수 있다.

추상력은 여러 가지 사물의 공통되는 특성 추출하여 파악하는 힘이다. 보고 듣고 체험한 것들을 분류하거나 분석하는 능력이기도 하다. 추상력이 부족하면 생각하지 않고 말하게 된다. 좀 더 깊이 생각하려면 뇌가 닫혀 "싫어", "몰라" 등 거부감을 표시한다.

추상력이 부족하면 생각하기 싫다. 책을 읽어도 재미가 없고, 책 읽기가 제대로 되지 않으면 시험 문제도 건성으로 읽어서 문제 파악이 되지 않는다. 따라서 어려서 책을 읽어주는 것과 마찬가지로 아이의 책 읽기는 규칙적으로 이루어져야 한다. 잠자리에 들기 전에 엄마가 읽어주면 좋겠다.

음식을 골고루 먹으면 좋겠지만 마음대로 되지 않는다. 비만인 아이와 편식이 심한 아이에게 음식이 달라야 하듯이 아이마다 적절한 책을 읽어준다면 더 효과적이다.

좌뇌형 아이는 수수께끼 책 같은 논리적인 구성보다 창작동화나 전래동화가 적절하다. 또한 상상력이 부족한 아이에게는 동화 줄거리를 좀더 과장되게 바꾸어 읽어주는 것도 좋다.

예를 들어 『아기 돼지 삼형제』에서 늑대가 형의 집을 입으로 후~ 불자 집이 날아가버린 내용을 이렇게 바꾸어 보라.

"늑대가 후~ 불었지만 집이 날아가지 못하게 형이 끈으로 꽁꽁 묶어놓았지."

"어, 그럼 늑대가 깜짝 놀랐겠는걸."

아이는 호기심이 가득 찬 표정으로 다음 얘기를 기다릴 것이다.

논리적인 아이에게는 먼저 글을 읽어주고 나서 그림을 보여주는 것도 좋다. 동화 내용을 알고 나서 충분히 동화 장면들을 상상하도록 지도한 후 그림을 보게 되면 상상한 것과 다른 그림들을 보면서 즐거워한다. 글의 내용을 상상해서 그림을 그리도록 하는 것도 좋다.

"토끼와 거북이가 달리기 시합을 했는데 토끼가 달려가는데 개울이 나타났어요. 토끼는 수영도 할 줄 모르고, 건널 수 있는 다리도 보이지 않았습니다. 토끼는 어떻게 했을까요?"

토끼가 할 수 있는 행동을 그려보게 하는 것은 좌뇌형 아이에게 좋은 교육법이다. 마땅한 그림책이 없다면 동화책 중에 쓸모없게 된 책의 그림을 오려서 서로 다른 그림을 연결하여 이야기를 만들고, 물건은 크고 작은 것까지 자세히 관찰하게 한다. 과일은 모양이나 크기 외에 색깔이나 질감의 느낌을 말하는 것도 좋다.

# 언어사고력,
# 듣고 말하는 기회가 많아야

언어사고력은 감정과 느낌을 말이나 글로 정확하게 표현하는 능력이다. 듣기, 말하기, 읽기, 쓰기로 언어 영역을 크게 나누는데, 말을 잘하려면 많이 들어야 한다.

언어 습득의 공식은 '들으면 말하고 읽으면 쓴다'는 것이다. 듣기는 추상력을 계발하는 영역이고, 말하기와 읽기는 언어사고력, 쓰기는 추상력에 해당한다. 다시 말해 듣고, 말하고, 읽고, 쓰기를 잘하려면 언어사고력과 추상력이 함께 발달할 때 가능하다.

언어사고력은 책을 많이 읽어주면서 대화해야 발달하며, 추상력이 우수하면 언어사고력도 비례한다. 유아기에 혼자 방안에 있는 아이의 언어사고력이 떨어질 수밖에 없다. 체계적인 교육도 필요하겠지만, 가족들이 함께 말하고 들어야 언어사고력도 발달한다.

추상력과 언어사고력이 발달하기 위해서 많이 듣고 말할 기회가 많아야 한다. 아이가 유난히 말문이 늦게 트이는 것은 태생적으로 언어사고력이 부족하거나, 신생아 시기에 책읽기나 엄마의 목소리를 자주 들려주지 못했거나, TV의 기계음에 지나치게 노출된 아이이다.

이런 아이는 말할 기회가 적다. 말할 때 필요한 안면 근육을 적게 사용한다. 신체 밸런스 중에 말하는 부분의 발달이 늦어져 말하기를 싫어한다. 이로 인해 한글을 늦게 깨우치고 이해력도 부족해 학업성취도에 문제가 생긴다.

한글을 일찍 가르치는 것보다 중요한 것은 언어사고력을 발달시켜야 한다. 혹시 말문이 트이기 전에 이야기를 많이 들려주지 못했거나 TV에 긴 시간 노출되었다고 해도 책을 많이 읽어주고 눈을 바라보며 대화한다면 개선될 수 있다.

그렇다면 어휘력이 발달하는 시기는 언제일까? 3살부터 6살까지 발달하며, 말을 깨우치려고 민감하게 반응한다. 학령기에 접어드는 초등학생 시기에는 이보다 느리게 성장한다.

따라서 가장 교육하기에 적당한 시기는 말을 배울 무렵이고, 이때 책을 많이 읽어주어 생각하는 힘을 키워야 한다. 책 읽기가 뇌 습관이 되면 글과 말로 가능하다. 자연스럽게 글짓기, 논술을 익히는 속도가 빠르다.

안면 근육 48개를 발달시켜야 말을 잘한다. 그러려면 호흡을 고르게 하여 자신감있게 논리적으로 설득할 수 있어야 한다. 언어사고력이 떨어지는 아이는 말로 설득하는 힘이 부족하다보니 폭력을 휘두르거나 울어버리는 것이다. 말보다 주먹이 빠른 경우이다.

이런 아이는 친구들과 소통하는 데 어렵고, 어울리지도 못하면서, 쓸데없는 말만 많아 친구들이 인정하지 않는다. 어휘력이 떨어지면 선생님의 말씀을 이해하지 못해 학습능력이 저하된다. 결국 언어력의 낮은 경우 문제아, 부진아가 되고, 외톨이가 되기 쉽다.

# 놀이중심학습과
# 수리력

수리력은 방정식처럼 복잡한 계산보다 숫자를 통한 단순 계산을 빠르게 하는 능력이다. 수치의 높낮이만 평가하는 것이 아니라 추리력과 관련된다. 수리력이 어떠한가에 따라 학습 스트레스 정도를 알 수 있다.

친구들이나 엄마와의 관계에서 나타나는 스트레스는 구성력에서 알 수 있다. 수리력 발달은 교육과 심리 두 분야로 나누어 살펴보자. 먼저 교육적인 면에서 행동이 느린 아이와 문제풀이가 늦은 아이에게 어떤 영향을 미치는가?

행동이 느린 아이는 지각속도력에서 다루기로 하고, 여기에서는 문제풀이가 늦은 아이를 다루고자 한다. 문제를 풀이하는 능력은 있으나 시간이 부족해서 문제를 풀지 못하는 아이들이 있다고 하자.

바둑돌을 흰돌과 검은돌을 합쳐 한 곳에 모아놓고 숫자카드를 보여준다. 숫자카드는 나이와 수에 대한 능력에 따라 준비한다.

4살은 숫자 10 아래 숫자로 덧셈 뺄셈을 할 수 있는데, '3+4=( )' 카드의 숫자를 바꾸어 여러 장 만든다. 흰색과 검은색 바둑돌을 보여주고, 숫자카드 하나를 3초 정도 보여주고 가린다.

아이가 3초 정도 보고 기억한 숫자카드 '4+2=( )'에 따라 왼손으로 검은 바둑돌 4개를 왼쪽에 놓고, 오른손으로 흰 바둑돌 2개를 오른쪽에 놓는다. 이번에는 양손으로 바둑돌의 색깔 구분 없이 6개를 오른쪽 끝에 한꺼번에 놓는다. 이 과정에서 숫자를 눈으로 보고 머리로 생각하여 결과를 얻게 하는 교육이다. 빠른 문제풀이에 도움을 준다.

자동차 안이나 야외에서도 간단하게 할 수 있는 게임이 있다.

양손의 주먹을 쥐고 연령별 수준에 따라 엄마가 "합이 15"이라고 하면서 손가락 7개를 펼쳐 보이면 아이는 빠르게 손가락 8개를 펼쳐 합이 15가 되게 한다. "합이 12" 하면 엄마는 5개 손가락을 펼치고 아이는 손가락 7개를 펼쳐 합이 12가 되게 해야 한다.

이와 같은 숫자놀이는 장소를 구애받지 않고 누구나 할 수 있다. 숫자를 통한 수리력 향상에 도움을 주는 간단하면서 효과적인 게임이다. 단순하고 쉬운 문제를 매일 풀게 하는 것도 좋다.

다만 학습을 강요하여 반복 학습을 한 아이는 스트레스로 인해 뇌의 일정 부분이 손상되면서 즐거움을 느끼지 못하게 되고 도파민 호르몬이 제 역할을 못한다. 학습이 놀이일 때 아이는 즐거운 학습이 될 것이다.

# 추리력을
# 생활에서 적용하자

추리력은 복잡한 문제를 판단하고 분석하며 순서대로 풀어나가는 능력이다. 추리력이 부족하면 깊이 생각하지 못해서 문제에 다가가지 못한다. 학습능력이 떨어질 수밖에 없다. 반면에 추리력이 뛰어나면 관심이 높아지고 성취를 위해 끈기 있게 노력한다.

수리력을 '산수'라고 보고 추리력을 '방정식'이라고 하자. 만약에, 수리력이 높은 반면에 추리력이 부족하다면 산수는 잘하는데 방정식을 풀지 못한다는 의미이다. 그렇다면 학년이 올라갈수록 학습능력이 떨어진다.

추리력을 높이려면 문제의 원리를 파악하여 문제와 관련된 내용을 생각해내는 습관이 필요하다. 다음과 같은 문제가 있다.

[문제] 어젯밤에 냉장고에 귤을 3개 넣어놓고 잠을 잤는데 아침에 열어 보니 5개가 되었다. 어떻게 된 일일까?
어제 냉장고에 귤을 3개 넣고 난 이후 다음날 아침 사이에 일어날 수 있는 경우를 추리해내야 하는 것이다. 여러 각도에서 가정하기도 하고, 단순하게 다음과 같이 상상할 수도 있다.

[답] 내가 잠든 사이 아빠가 2개를 더 넣으셨다.

그렇다면 '3+( )= 5'라는 문제로 만들어야 할 것이다.

어제 냉장고에 넣어 놓은 귤이 3개, 아침에 냉장고에 있는 귤이 5개, 그러면 3과 5 사이에 어떤 변화가 있는지 계산이 가능하다. 여기에서 ( )는 수학에서 x이다. 이것이 유아기에 맞춤형 추리력 교육법이다.

아이의 주변을 살펴보면 어떤 상황 어떤 사물에 관심이나 흥미가 있는지 알 수 있다. 예를 들어 봄철에 가벼운 산행 중에 낙엽 위로 뾰죽하게 올라온 새순을 발견했을 때 아이와 함께 관찰하면서 아이의 반응을 지켜보자. 주변에 같은 새순이 있는지 찾아보기도 하면서 크기와 색깔이 다르다면 왜 다른지 알려준다.

해와 바람, 공기, 물 등이 함께할 때 새순의 성장이 일어나고, 새순 위치에 따라 다르다는 점도 아이에게는 재미있는 이야기가 될 수 있다. 추리력과 함께 자연이 주는 고마움을 느끼게 한다.

# 집중력과 협응력은
# 서로 친구

집중력은 생각과 사고를 한 곳으로 모으거나 모이게 하는 힘이다. 집중력 없이 어떠한 일도 제대로 하기 어렵고 성과를 기대할 수도 없다. 특히 학령기의 집중력은 성적과 직결되기에 엄마로서는 가장 마음을 쓰는 면이다. 대부분 후천적 요인이 작용하는 집중력은 가정환경이나 주양육자인 엄마의 훈육에서 영향을 받는다.

학습능력은 집중력이 높을수록 발휘되지만 아이의 관심이 선행되어 의욕적일 때 가능하다. 가위로 종이를 자른다고 야단을 친다거나 남자아이가 바느질을 해서는 안 된다면서 극구 말리다면, 새로운 일에 도전하려는 의욕도 없고 집중력이 발달할 수 없다. 학습효과도 마찬가지이다. 지나친 간섭보다는 응원하면서 기다려주는 양육 방식이 필요하다.

스트레스와 성취도의 관계를 살펴보면, 어느 정도 스트레스 증가는 성취도가 증가해서 단기간에 많은 정보를 습득하지만, 일정 수준의 스트레스에서 심해진다면 급격히 성취도가 낮아진다. 공부를 잘하는 아이가 순간 멍 때리기를 하고 있는지 살펴봐야 한다.

또한 엄마의 강요에 의해 책상 앞에 있다면 공부에 집중력이 생길 리 없다. 오히려 스트레스로 인해 부정적인 뇌 습관으로 성취도가 떨어진다. 아이가 좋아하는 놀이학습을 병행하기를 권한다. 그림그리기, 만들기, 공놀이 등 또래 아이들과의 교감하고 공감하면서 즐기는 활동이 있을 때 집중력이 발달하고 협응력이 발달한다.

무엇보다 아이의 눈높이에 따라 교육해야 집중력이 생긴다. 엄마가 읽으라는 책에 모르는 단어가 수두룩하다면 어떠하겠는가? 무슨 내용인지도 이해할 수 없는데 집중해서 읽을 수 없을 것이다. 아이가 할 수 있을 때 흥미를 가지고 집중한다.

뇌는 1.3kg에 불과하지만 몸 전체 소비 열량의 20%를 소비한다. 두뇌 활동이 원활하려면 포도당이 공급이 이루어져야 하고, 집중력에도 영향을 준다. 아침식사는 어제 저녁식사 후 잠자는 시간을 지나서 포도당을 공급한다. 혈당이 정상을 유지하고 두뇌 활동을 위한 에너지를 확보하게 되는 것이다.

만약 아이가 아침식사를 거른다면 15시간 이상 공복 상태여서 두뇌 활동이 둔화된다. 포도당이 공급되지 않는다면 집중력, 학습능력, 수행속도 등이 떨어질 수밖에 없다.

또 뇌 무게는 체중의 2% 정도이지만 산소 소모량은 20%를 넘는다고 한다. 산소를 공급하는 혈관은 자세가 반듯해야 두뇌로 통하는 신경 및 혈관을 따라 혈액의 순환이 원활하다. 따라서 침대에 눕거나 방바닥에 엎드리거나 소파에 구부정하게 앉아서 책을 보지 않도록 하기 바란다. 집중력이 약화되기 때문이다.

공부할 때는 논리적인 좌뇌적 활동이라면 놀고 쉬는 것은 우뇌적인 활동이다. 그러므로 공부를 하다 말고 쉬고 싶다면서 컴퓨터 게임을 하거나 TV 시청은 바람직하지 않다. 놀이터에서 시소나 그네를 타는 등 몸으로 활동하는 놀이가 좋다.

유년기에는 엄마가 공부하는 아이 옆에 있어 주는 것이 좋다. 장난감을 손에 쥐고 공부하고 있다면 내려놓게 하고, 의자에 앉아 다리를 끊임없이 흔든다면 바른 자세를 위해 설명이 필요하다.

협응력은 이처럼 몸의 움직임을 조정하는 능력이다. 아이가 어떤 일을 조작하기 위해서는 눈과 손, 몸을 움직여서 이루어야 하는데, 이때 몸의 움직임을 잘 조절하는 것도 학습능력이다. 협응력이 없이 감각적으로 받아들여야 하는 정보들은 제한된다.

협응력은 머리, 팔, 손, 손가락의 순서로 발달하는데 물건 주고받기, 블럭 같은 교구들을 손가락을 움직여서 만지기, 가위질을 하거나 끈을 묶는 일이 이에 해당한다. 그림을 그린다거나 신발을 가지런히 정리하는 일, 보도블럭이나 건널목을 건널 때 지켜야 하는 질서에 대한 인식 등이 협응력과 연결된다. 이는 집중력이 있어야 가능하기 때문에 협응력은 집중력의 친구라고 할 수 있다.

## 구성력은
## 그리기와 스스로 하기

유아기는 뇌 발달의 결정적 시기이므로 인지 발달이 어느 정도인지 관심을 가져야 한다. 6살 이후 상상력은 급속도로 발달하면서 추리력은 물론 공간능력도 함께 성장하는데, 이 시기에 인지능력이 발달할 수 있는 적절한 자극이 필요하다. 그림을 그리거나 색종이 접기도 이에 해당한다.

구성력은 사물 또는 상황의 짜임새를 판단하면서 손이나 도구를 이용하여 그리거나 만드는 힘이다. 아이의 호기심과 의욕으로 집중력이 강화될 때 구성력도 함께 성장한다. 특히 엄마와 아이의 애착 관계는 구성력이 발달하는데 영향을 미친다.

구성력을 위해 손 동작은 매우 중요한데, 유난히 손톱을 물어뜯거나 손가락이 아프도록 입에 넣고 빤다면 지도가 필요하다. 이 습관은 주양육자와의 유대에 안정감이 없을 때 나타난다. 그러다보니 손으로 만들고 자르고 붙이는 미술 작업에 취약하다.

이 아이의 구성력을 향상시키려고 습관을 개선하려면 손을 자주 사용하게 해서 손을 물고 빠는 시간을 줄여야 한다. 손을 많이 사용하는 놀이도 도움이 된다. 아이는 엄마에게 따뜻하게 안기고 싶고 자주 칭찬을 듣고 싶어 한다. 그렇지 않으면 자칫 아이의 잘못된 인식으로 엄마가 안아주지도 않고 괜히 자기를 미워한다고 생각할 수 있다.

그렇다면 두뇌에서 중요한 역할을 하는 해마의 기능이 원만하게 이루어지지 않아 자기도 모르게 난폭한 행동을 하게 된다. 아이의 구성력에 문제가 생긴다. 어려서부터 아이가 할 일을 누군가 대신했을 때 구성력이 발달하기 어렵다. 그러므로 혼자 무엇이든 해보도록 기다리고 지켜보는 것이 필요하다. 끈기있게 지속적으로 하기 어려운 아이들은 금새 싫증을 내는데 그때마다 적절하게 흥미를 느끼도록 칭찬을 하면 좋을 것이다.

구성력에는 색채와 형태도 해당되는데, 어떤 놀이를 어떻게 하고 싶다든지, 꽃무늬 티셔츠에 노란 바지를 입고 싶다든지 자신의 의사 표현을 분명히 하게 된다. 구성력을 발달하게 하려면 창의력과도 연관되는 그림그리기와 스스로 하기도 효과적이다.

# 시각적 통찰력과
# 엄마 애착

시각적 통찰력은 앞을 바라보며 예견하고 이루어 나가는 추진력과 여러 사람을 이끄는 리더십이다. 자신감이기도 해서 인성과 밀접하게 관련된다. 눈으로 보는 집중력이기도 하다.

BGA 두뇌종합검사 결과를 보면 통솔력이 강한 아이, 생각은 있지만 앞에 서기를 꺼리는 아이, 앞에 나가서 발표하기를 두려워하는 아이 등이 있다.

시각적 통솔력이 높은 아이는 문제를 창의적으로 해결하려고 한다. 과감하게 결정을 내리고 신속하게 처리한다. 의사 표현을 분명히 하고 전달하는 능력이 뛰어나다. 반면에 아이들 앞에 섰을 때 목소리가 점점 작아지면서 몸을 떠는 아이가 있다. 또한 또래 아이들끼리 얘기할 때는 그렇지 않다가 앞에 나와서 발표하라고 하면 횡설수설하면서 주저앉기도 한다. 시각적 통찰력이 낮은 아이이다.

시각적 통찰력이 낮게 나타나는 경우 낯선 환경에 적응하기가 어렵고, 특히 신학기에 스트레스를 받아 아프기도 한다. 그러다보니 친구들 관계도 서툴고 어울려 놀지도 못한다. TV 시청이나 컴퓨터 게임에 집착할 수 있다.

우리는 사람들을 대하면서 간혹 "저 사람은 눈빛이 좋네" 또는 "저 사람 눈빛은 참 따뜻해"라고 한다. 이때 눈빛은 통찰력을 의미한다. 눈빛이 밝고 반짝이는 아이는 적극적인 리더십이 있고 통찰력이 뛰어난 편이다.

긍정적인 의미의 '눈치'와 마찬가지로 밝고 빛나는 눈빛의 아이는 엄마와의 애착이 잘 형성되었다고 볼 수 있다. 어려서부터 강압적이고 폭력적으로 양육된 아이에게 밝은 눈빛은 기대하기 어렵다.

놀이터나 공원 혹은 시장에 아이와 동행할 때에도 "엄마가 해줄게"라고 하기보다 "엄마 좀 도와줄래?"하는 것이 리더십 개발에 도움이 된다. 무엇이든 엄마에게 도움을 줄 수 있는 아이의 눈빛은 자신감이 있다. 눈빛이 밝고 강한 아이는 리더십은 물론 시각적 통솔력이 뛰어나다.

한편 아이 기를 죽이지 말라고 하면서 불필요하게 감싸는 부모, 버릇없는 행동을 해도 야단치지 않는 부모의 양육 태도는 잘못된 것이다. 무조건 감싸주고 버릇없는 행동도 꾸중하지 않는다면 아이는

엄마가 행복해지는 우리 아이 뇌 습관

사람답게 살아가는 인성을 가질 수 없으며 시각적 통찰력이 발달하지도 않는다.

시각적 통찰력을 높이려면 어릴 때부터 아이의 눈을 보면서 대화하기 바란다. 사람은 눈으로도 말을 할 줄 안다. 말할 때 눈의 메시지가 차지하는 비중이 35% 정도라고 한다. 실제로도 우리는 상대방의 눈빛만 봐도 그의 상태를 알아차릴 때가 있다. 지금 아픈지, 피곤한지, 즐거운지, 울고 싶은지 등등. 더구나 엄마는 아이가 거짓말을 한다는 것을 눈빛에서 알아차려야 한다. 그래서 눈을 보면서 대화하는 것이 양육의 조건이 될 수 있다.

아이 뇌는 엄마가 눈을 맞춰 놀아주고, 아빠가 중저음의 목소리로 책을 읽어주거나 함께 캠핑을 하며 심부름을 돕는 과정에서 발달한다.

상담한 아이 중에 시각적 통찰력이 떨어지고 소심한 아이의 경우, 많은 사람들 앞에서는 언어사고력도 약해져서 자기 생각을 제대로 전달하지 못했다. 축구를 하고 싶어했지만 친구들과 어울리는 것이 어려웠다.

그런데 두뇌검사 결과, 우뇌 발달이 뛰어난 편이어서 균형이 잡히도록 교육한다면 리더십도 생기고, 학습능력도 개선되리라 기대되었다.

그 결과는 놀라웠다. 친구들과 어울려 축구는 물론 여러 사람 앞에서 자신감 있게 발표하는 것이 아닌가. 내게는 보람있는 시간이었다.

# 지각속도력은 운동이나 예술 감각

자녀교육은 멀리 있는 게 아니라 엄마로부터 일어난다. 부모의 행동이 아이에게 영향을 끼친다. 신경계의 구조적, 기능적 단위인 뉴런의 역할에 따라 눈으로 보면 그대로 행동하고 말하게 된다. 결국 아이를 위대하게 키우느냐 못 키우느냐는 가정 환경이 중요하다.

아이는 내가 가르치는 대로 되는 게 아니라 가정의 모습대로 성장한다. 마치 가족이나 가정의 모습을 '아이의 뇌'라는 카메라에 찍혀 있다고 보면 된다. 소통을 잘하는 아이로 성장하길 바란다면 부부싸움을 하는 모습을 아이에게 찍히지 말아야 한다.

평생의 성격은 10세 이전에 만들어지는데 부모의 행동이 아이에게 각인되는 시기이기도 하다. 이 시기를 교육적기라고 하는 이유이다. 그래서 좌뇌와 우뇌의 발달에 관심을 두어야 하는 것이다.

우뇌는 사람의 마음을 읽을 수 있는 뇌이며 인간관계와 관련 있다. 우뇌가 발달하면 눈치 있고 효도하는 아이가 많다. 좌뇌가 발달하면 성적이 우수하고 언어사고력과 추상력 등이 높은 편으로 나타난다.

3살 전후에 우뇌가 발달해야 지각속도력이 높아지고, 우뇌 발달이 더디면 정신연령이 낮을 수 있다. 지각속도력은 운동 또는 예술 감각으로, 주변을 인지하거나 대처하는 능력을 포함한다.

지각속도력이 지나치게 높은 아이는 산만하고, 반대로 지각속도력이 낮다면 행동이 느리다. 다른 기관과 네트워크가 잘 된다면 괜찮겠지만 지각속도력이 부족하다면 운동이나 놀이가 뇌 발달에 도움을 준다. 운동은 뇌를 골고루 발달하게 하기 때문이다.

미국에서 일주일에 한 번 체육 수업을 한 아이들과 매일 한 시간 체육 수업을 한 아이의 뇌 세포 분포도 검사 결과, 매일 한 시간씩 체육 수업을 한 아이들의 뇌가 더 발달하였다. 규칙적인 운동은 건강뿐 아니라 뇌 발달에도 도움을 준다.

그렇다면 규칙적인 운동과 놀이터에서 노는 것과는 어떤 차이가 있을까? 운동이 뇌 발달에 좋다고 해서 매일 같은 운동만 되풀이한다면 음식을 편식하는 것과 같다. 놀이터에서 놀기도 하고 아이들과 축구도 하다가, 규칙적으로 줄넘기를 하는 것이 좋다.

지각속도력이 약해서 행동이 느리고 감각이 둔하다면 축구나 배드민턴 등 운동으로 개선할 수 있다. 인라인스케이트를 좋아한다면 뇌 발달에 활용하는 것도 좋다. 엄마나 아빠가 같이 놀이나 운동을 한다면 더 효과적이다.

# 8가지 영역
# BGA검사 결과의 예

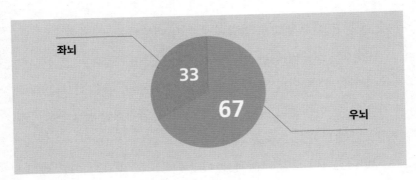

<좌우 뇌 선호도 분석 결과표>

BGA검사는 그림처럼 선호도를 알 수 있다. 그림으로 보아서는 우뇌의 선호도가 높게 보인다. 이 아이는 살아가면서 우뇌를 많이 활용하게 될 것이다. 그래서 공부처럼 논리적인 면은 피하게 되고, 그러다보면 논리력이 약한 뇌가 되어 학습면이나 논리적인 행동에 취약하게 성장한다.

반면에 좌뇌 선호도가 높은 경우, 학습면이나 논리력이 좋고 무엇이든 잘하려는 열정이 지배적이다. 또한 배려를 한다거나 양보하는 일에 서툴어서 눈치가 없다는 소리를 듣는다. 사회성이 떨어지는 편이다.

양쪽 뇌가 균형있게 발달한 경우, 좌우 뇌의 장점을 모두 가졌다고 보면 된다. 학습면에도 선호도가 높고, 인간관계도 원만하다.

BGA검사 결과를 구체적으로 표현한 8개 영역 그래프를 분석하면, 이 아이는 추상력보다 언어 선호도가 약해 독해력이 떨어져서 책

| | 추상 | 언어 | 수리 | 추리 | 협응 | 구성 | 시각 | 지각 |
|---|---|---|---|---|---|---|---|---|
| A+ | | | | | | | | |
| A | | | | | | | | |
| A- | | | | | | | | |
| B+ | | | | | | ● | | |
| B | | | | | | | | |
| C+ | | | | | | | ● | |
| C | ● | | | ● | ● | | | |
| D+ | | | | | | | | ● |
| D | | | | | | | | |
| E | | ● | ● | | | | | |
| F | | | | | | | | |

<8개 영역 BGA 검사 결과표>

읽기를 싫어하고 결국 책을 멀리 하면서 학습성취도가 약하고, 일상생활에서 논리적이지 못해 공부보다 예능 쪽에 더 선호도가 높다고 볼 수 있다. 수리력이 추리력보다 낮은 것은 자신의 일을 할 때 세월아 네월아 하는 뇌가 있다는 것이다. 우뇌에서는 협응력이 약해서 마음이 여리고 눈물이 많아 겁이 많은 아이로 보여진다. 학년이 올라가면서 끈기가 약한 것이 흠이 되어 어떤 일이든지 시작은 잘하나 마무리가 약하게 성취감이 떨어진다.

구성력이 아주 높다는 것은 스트레스가 많다는 것을 의미하며 스트레스 해소를 손가락을 만지작거리는 것으로 해소하게 되면서 수업시간에도 손을 가만히 있지 못한다. 스트레스를 받는 원인은 하고 싶은 열정은 있으나 마음이 여려서 친구들 앞에 나서는 것을 두려워하고 작은 말이나 행동에도 상처를 받는 뇌 구조를 가지고 있다.

# 우리 아이 뇌 습관 Q&A

**Q. 초등학교에 입학할 나이인데 감정 표현을 하지 않습니다. 왜 그런지요?**

### A. 아이에게 지나친 목표를 설정하고 양육하는지 살펴보십시오.

표현이란 사상이나 감정을 말이나 행동으로 드러내어 나타내는 것이며, 눈앞에 보이는 사물의 모양과 상태를 말합니다. 감정이나 생각을 마음속에 품고 있는 것이 아니라 밖으로 드러내는 것이라는 의미입니다.

이야기를 들을 줄 알아야 말할 수 있습니다. 귀를 기울인다는 것은 집중력이기도 합니다. 그래야 상황에 맞게 자신의 의사를 전달할 수 있는 것입니다. 이때 적절한 단어와 문장을 구성하여 시기적절하게 말해야 합니다. 자신의 의견을 잘 표현하지 못해서 전달할 수 없기 때문입니다.

표현하지 않는다면 어떠한 결과도 얻을 수 없습니다. 표현은 단순한 생각이나 의사의 전달 수단이 아니라 대화와 토론 등을 통해 서로 소통하는 수단입니다. 표현한다는 것은 생각을 말하고 글로 쓰는 방법이 전부라고 할 것입니다. 그렇지 않으면 행동해야 하는데 말이 없고 글이 없다면 전달력이 떨어질 수밖에 없습니다. 그러므로 표현력을 키워야 합니다. 그래야 꿈과 희망을 가지고 행복해질 수 있습니다.

우선 아이가 왜 표현하지 못하는지 살펴보십시오. 지나치게 강압적인 훈육 방식이 아닌지, 혹은 아이에게 지나친 성공스토리를 적용하고 있지는 않은지요? 아이보다 주양육자인 엄마에게서 문제를 발견하게 될 때가 많습니다. 양육 태도가 올바른지 점검하는 것이 먼저일 듯합니다.

아이의 잠재력을 발견하기를 권합니다, 지나치게 목표를 정해놓고 과욕을 부린다거나 의기소침하게 해서 그럴 수도 있습니다. 아이에게 학습은 실패와 성공이 아니라 과정이 있을 뿐이다. 놀이하면서 학습할 수 있기를 바라고 아이의 성장을 기다리고 배려하는 엄마가 되기를 바랍니다.

**Q. 초등학교 저학년 놀이학습에 대해 알고 싶습니다.**

**A. 놀이학습이란 교육과 오락을 가리키는 '에듀테인먼트'를 다듬은 말입니다.**

놀이 학습은 아이가 여러 가지 상황에서 사람이나 사물에 대해 경험하면서 이해하는 학습지도 형태입니다. 초등학교 저학년의 생활 중심 교과에서 실행하고 있습니다.

아기가 태어나면 뇌세포는 자극을 기다립니다. 오감 자극을 받지 못한 뇌세포는 사멸하거나 가지치기를 해서 자주 사용되는 것들은 남아서 그 가지들이 자라게 됩니다. 아이에게 사랑이 많이 전해지면 사랑하는 뇌 세포들이 살아남아 성숙되지만 미워하는 뇌 세포들이 살아남는다면 미워하는 뇌세포가 성숙됩니다.

이렇게 여러 자극에 의한 뇌의 변화들은 모두 새로운 인지기능을 갖추기 위한 준비 과정입니다. 따라서 아이의 뇌 발달은 부모하기 나름입니다. 바람직한 인성을 지닐 수 있도록 적절한 자극을 주는 노력과 교육이 필요합니다.

세 살 무렵의 아이는 활발한 뇌 발달과 함께 다양한 인지능력이 향상되는데, 이를 자극하는 행동들은 눈 마주치기, 고개 돌리기, 주먹쥐고펴기, 왼쪽 손바닥을 오른쪽 손가락으로 찌르기, 무엇인가 잡아당기기, 밀어서 무너뜨리기 등 다양한 인지적인 행동을 하게 됩니다. 몸으로 하는 놀이는 안아주고, 업어주고, 씨름하고, 목욕을 함께 하면서 부비부비하는 등 모두 자존감을 향상하는 놀이입니다.

6살까지 도구를 이용하는 놀이는 손과 발, 머리, 허리, 발가락과 손가락 등 몸을 자유롭게 사용하는 법을 배우는 과정으로 신문지를 찢어서 모양을 만들거나 종이에 크레파스로 낙서하듯 그림을 그린다거나 장난감 마이크로 춤과 노래를 하는 것 등입니다.

7살부터는 야외에서 체험을 통한 놀이를 시작하십시오. 이때 아이가 어떤 인성을 가지게 되는가는 주양육자인 엄마 아빠의 영향을 가장 많이 받으면서 성장한다는 점을 기억하시고, 특히 스크린의 노출 정도가 심화된다면 한층 집중적인 지도가 필요한 시기입니다.

폭력이나 자극적인 TV 시청은 스트레스 호르몬인 코르티솔 생성 분비가 높아지게 해서 기억을 담당하는 뇌의 해마에게 피해가 줍니다. 그러므로 바깥놀이를 통해 햇빛 아래 놀이터에서 모래장난을 하는 등 몸을 움직이는 시간에는 긍정적인 세로토닌의 영향을 받아 원만한 인성을 갖추게 됩니다.

아이와 함께 외출할 때마다 바깥의 환경은 각양각색일 것입니다. 비가 오거나 눈이 오기도 하고, 덥거나 춥기도 할 것입니다. 따라서 아이의 감정도 반응하게 되는데, 이 또한 놀이 학습으로 활용하시기 바랍니다. 자연이 주는 혜택에 감사하는 마음도 갖게 하십시오. 새순이 돋고 낙엽이 지는 과정과 햇빛과 바람의 역할도 함께 말해줄 수 있을 것입니다.

**Q. 아이 양육에서 아빠의 역할과 영향력을 알고 싶습니다.**

**A. 아빠와 아이의 애착 형성은 자기주도적인 아이로 성장하게 합니다.**

올해 상반기 민간 부문의 남성 육아휴직자는 8,463명으로 전년 동기 대비 65.9% 증가하였습니다. 부부 공동육아가 여성의 경력단절을 줄이고, 저출산대책에도 중요한 기제로 작용한다는 점에서 고용노동부는 앞으로도 관련 법령 개정을 통하여 육아휴직급여 인상, 배우자 출산휴가 확대 및 급여신설 등 남성의 육아휴직을 지속적으로 활성화시켜 나갈 계획이라고 밝혔습니다.

이와 함께 최근 아빠육아가 대두되면서 아빠의 육아 동참이 자녀에게 어떻게 영향을 미치는지에 대해 궁금해합니다. 여러 매체에서, 논문이나 책을 통하여 아빠육아가 자녀의 사회성 발달에 영향을 준다고 합니다. 그런데 왜 사회성일까요?

실제로 엄마들에게 아빠육아가 사회성 발달에 긍정적인 영향을 미치는 이유를 물어보면, 그 이유를 알고 있는 경우는 그리 많지 않았습니다. 맞벌이 부부일 경우 여전히 아내의 독박육아로 인해 하소연하기도 하지만 예전보다 훨씬 아빠육아에 대해 언급하기가 수월하다고 합니다.

사회성이란 타인과의 관계 기술면이라고 볼 수 있습니다. 즉, 타인과 관계하는 방법을 의미하는데 그 첫 단추가 바로 아빠와의 교감입니다. 엄마를 통해 태내기에 아이는 자아를 형성하지만, 실질적으로는 세상에서 만나는 첫 번째 타인이 아빠인 것입니다. 아빠가 관계맺기의 첫 대상이라고 할 수 있습니다.

만약에 아빠가 아이를 즐겁게 한다면 타인에 대해 긍정적인 이미지로 원만한 관계를 유지하게 되면서 사회성이 발달될 것입니다.

아이는 10살에 뇌의 90%가 완성됩니다. 그래서 양육에서 놀이 체험이 중요합니다. 4살이면 아빠가 아이 곁을 떠나 있고, 10살에는 아이가 아빠를 떠나려고 한다는 말이 있습니다.

그래서 아이에게 아빠와의 관계는 커다란 자산입니다. 정치, 경제, 사회, 문화, 스포츠는 물론 신체적인 조건까지 아빠의 영향을 아이에게 미치기 때문입니다.

아이는 어른들을 따라 성장합니다. 그러므로 아빠의 노하우를 일대일 양육을 통하여 창의성, 사회성, 자존감, 배려, 소통, 자신감, 도전정신, 언어발달, 질서의식 중에서 가장 중심인 자존감을 형성하는데 아빠와의 애착 형성이 절대적이라는 점을 기억하기 바랍니다.

**Q. 학습지 선생님에게 유난히 짜증을 냅니다. 왜 그런가요?**

**A. 공부에 대한 아이의 반응이라면, 그 원인을 알기 바랍니다.**

공부하기 싫다는 정서가 바뀌지 않는다면 뇌의 판단과 의사결정이 달라지지 않습니다. 생각이나 의지만으로 뇌를 조절할 수 없는 것은 뇌가 경험한 기억 속에 저장되기 때문입니다. 정서 기억은 어떤 일에 대한 느낌이 부정적으로 굳어지면 쉽게 변하지 않습니다. 특히 자기도 모르는 사이에 반응이 나타나서 바꾸기 어렵습니다.

공부도 마찬가지입니다. 지겹다거나 짜증 난다는 부정적인 경험이 쌓이면 뇌는 공부를 거부해야 할 대상으로 판단합니다. 실제로 뇌의 활성도를 보면, 지겹고 짜증 나는 상태에서 공부하면 뇌가 거의 활성화되지 않으나 즐거운 상태에서 공부하면 뇌가 활성화되는 것을 알 수 있습니다.

엄마 아빠는 공부하기 싫어하는 것을 정신력이나 의지의 문제로 해석하지만 그렇지 않습니다. 이는 뇌의 변화에서 발생합니다. 공부가 싫은 아이는 시험 보는 동안 실제로 호흡이 빠르고 불규칙해서 뇌의 이산화탄소 농도가 정상 아이보다 낮습니다. 공부해야겠다는 의지를 가지고 기분좋게 하는 공부와는 달라서 지속되기 어려울 것입니다.

이를 개선하려면 뇌의 정리 능력을 제대로 활용해야 하는데 20분 정도 집중하고 잠시 쉬면서 뇌가 정리하도록 해야 합니다. 같은 간격으로 공부하고 쉬기를 반복하면서 기분이 좋아지는 과일을 준다거나 칭찬을 통해 아이의 긴장감을 풀어주는 것이 좋습니다.

아이의 욕구를 충족시켜야 기분이 좋아집니다. 그렇다고 언제까지나 아이의 욕구를 충족시켜줄 수 없습니다. 그러다 보면 아이는 도발적인 행동으로 자신의 욕구를 인정받으려고 합니다. 그래서 부모는 짜증내는 원인이 어디서 비롯되는지 반응해야 합니다.

아이는 피곤하면 화를 냅니다. 수면 부족은 부정적 감정을 강화합니다. 배가 고프면 짜증을 부릴 수 있고, 상실감과 실망감은 뇌의 고통 중추를 활성화합니다. 아이들은 고통을 참지 못하고 울음을 터뜨립니다. 더구나 부모마저 아이의 실망감을 무시하거나 화를 낸다면 아이의 고통은 강화될 것입니다. 의외로 가상의 두려움의 대상인 도깨비나 귀신도 아이의 상상 속의 스트레스일 수 있습니다.

아이가 심한 스트레스를 받는다면 몇 가지 증상을 보입니다. 악몽을 꾼다거나 밤에 자다가 갑자기 깨어나 우는 야경증, 틱 장애, 이를 가는 등. 뿐만 아니라 머리가 아프다거나 배가 아프다고도 하고, 먹지 않으려고도 합니다. 아이들은 아직 뇌가 미성숙해서 스트레스 받는다는 사실을 인지하지 못하기도 합니다. 부모는 아이의 스트레스 상황을 세심히 살펴보고, 스트레스를 덜어내도록 도와주기 바랍니다.

칭찬이 효과적입니다. 사랑과 관심이 열쇠입니다. 아이들은 실패하고 좌절하는 순간에도 엄마 아빠의 가르침을 기억하고 '괜찮아. 나는 할 수 있어'라면서 다시 일어설 것입니다.

보는 사고력, 듣는 사고력, 말하는 사고력, 읽는 사고력, 쓰는
사고력, 이 5가지는 사람이 살아가는데 기본입니다. 생각하고
행동하는 능력, 이를 종합적 사고력이라고 합니다.

# PART 6

# 종합적으로 생각하고
# 행동하는 힘

# 생각할 줄 알고
# 사람답게 살아가기

"머리가 좋아지려면 어떻게 해야 하나요?"

"공부 잘하게 하려면 무엇을 해야 하나요?

학부모들이 내게 물으면 그때마다 동일하게 대답한다.

"사고력 훈련을 시키세요."

사고력은 '생각할 수 있는 능력'을 말한다. 생각의 깊이는 눈에 보이지 않지만, 아이들의 생각은 말할 때나 사물을 볼 때, 다른 사람의 말을 들을 때, 글을 쓸 때 뚜렷하고 동일하게 나타난다.

우리가 살아가는데 혹은 학습을 할 때 필요한 사고력은 보는 사고력, 듣는 사고력, 말하는 사고력, 읽는 사고력, 쓰는 사고력을 의미하는데, 이를 종합적 사고력이라고 한다. 사람이 살아가면서 올바른 인간관계의 기본이 되는 것, 학습을 하는데 기본이 되는 5가지 사고력이 바로 종합적 사고력이다.

이러한 5가지 사고력에 대해 훈련이 잘된 아이는 성적이 뛰어나

엄마가 행복해지는 우리 아이 뇌 습관

고 좋은 인간관계를 형성한다. 반대로 생각의 깊이가 없는 아이들은 생각 없이 말하고, 건성으로 행동한다.

독서는 사고력 향상에 필수 조건이며, 아무리 강조해도 지나치지 않다. 그렇다면 사고력 향상의 극대화를 위해 어떠한 독서 습관을 가져야 할까요? 앞에서도 말했듯이 우선 아이가 읽을 책에 흥미를 느낀 후에 책을 읽혀야 한다. 아이가 책을 읽은 후에는 아이가 느끼고 깨달은 것이 무엇인지 대화를 나누어야 한다. 이때 아이의 눈높이에 맞추어 대화를 이끌고, 아이가 무엇에 관심있어 하는지 살피고 귀기울여야 한다.

이런 일련의 과정을 통해 아이의 생각에 깊이가 생긴다. 대부분의 아이들은 깊이 생각하기를 싫어한다. 천천히 깊이 생각하는 훈련이 부족하기 때문이다. 생각의 깊이가 얕은 아이들은 두뇌의 뇌량이 부족해서 무엇이든지 깊이 생각해서 머릿속에 저장해야 하는데 그렇지 못하다.

운동을 할 때 신체에 변화를 가져올 만큼 운동을 하려면 어떻게 해야 하는가? 적당히 쉬면서 운동을 해서는 튼튼한 몸을 만들 수 없다. 운동하다가 힘들다고 멈추면 건강하고 멋진 몸매를 만들 수 없으며, 단 시간에 멋진 몸매를 만들 수 없다.

멋진 몸매를 만들려면 규칙적으로 최선을 다해 운동해야 한다. 그러다보면 눈으로도 확인이 가능할 만큼 근육량이 늘고 힘이 생긴 것을 느낄 수 있다.

뇌 발달도 마찬가지이다. 매일 습관이 될 때까지 훈련을 해야 하며 깊이 생각해야 한다. 이렇게 꾸준히 훈련한다면 좋은 두뇌를 만들 수 있다. 올바른 뇌 발달을 위해 꾸준히 오래 얼마나 열심히 하는가가 중요하다.

균형잡힌 운동을 해야 팔과 다리 혹은 복부 등 근육이 골고루 발달하는데, 만약 어느 한 부위만 집중해서 운동한다면 결과적으로 몸의 불균형을 이루어 역효과가 나타난다. 두뇌 역시 골고루 발달시켜야 하는데, 보는 사고력, 말하는 사고력, 읽는 사고력, 듣는 사고력, 쓰는 사고력으로 구별하여 뇌교육에 대해 알아보기로 하자.

우리나라 교육과정에서 수학의 개념도 바뀌고 있다. 창의적 융합인재를 키우겠다는 의지로 설명, 공식, 문제풀이 중심의 교육에서 벗어나 수학적 의미, 실생활 사례 등을 과정중심교육을 추구한다. 수학을 통해 문제해결능력은 물론 추론능력을 키운 아이는 통합적 사고를 가진 미래형 인재로 성장할 수 있다.

5~6살에 인지능력이 발달하면 숫자를 읽거나 간단한 셈을 할 수 있다. 아이가 덧셈 뺄셈을 잘한다고 해서 수학적 두뇌라고 할 수는 없고 수학의 본질인 문제를 해석하는 이해력과 수리력, 합리적 사고력을 키워야 한다. 이런 교육적 태도가 전제가 되어야 효과적인 유아교육이라고 할 수 있다.

# 이 풀씨는 어디에서
# 날아온 것일까?

눈을 통해 정보를 얻고 뇌에 전달한다. 뇌는 눈으로 본 사람의 모습이나 풍경, 또는 어떤 현상을 분석하고 판단한다. 한 번 가 본 길을 정확하게 기억장치에 저장해 두는 것도 뇌의 역할이다. 이러한 훈련이 잘 된 사람들을 '눈썰미가 좋다'고 한다.

예를 들어보자. 두 사람이 함께 산에 다녀왔다. 한 사람은 산에서 본 야생초에 대해 색깔이나 모양, 냄새, 위치 등을 정확히 기억하고 말하는 반면, 보는 사고력이 약한 사람은 산에서 야생초를 보았지만 그다지 기억하고 있는 것이 없다. 두 사람의 차이는 보는 사고력의 차이이다.

보는 사고력 훈련은 관찰학습이나 현장학습을 통해 가능하다. 유아기의 현장학습은 특히 중요하다. 현장에서 무엇을 어떻게 보고 왔는지를 기억하고 말하는 훈련은 아이가 평생 보는 사고력의 기초가 된다.

처음부터 건성으로 관찰하는 습관을 길들인다면 눈썰미가 없어 한 번 본 사람의 얼굴을 기억하기 어렵고, 길눈이 어두워서 모든 것을 건성으로 보게 된다. 유아교육기관에서 현장학습을 갈 때는 이와 같은 사실을 알고 아이들에게 현장학습 지도를 해야 한다.

가정학습의 경우, 아이와 함께 외출할 때 반드시 멀리 갈 필요는 없다. 만약 2-3시간 거리를 차를 타고 이동한다면 아이는 이미 지쳐 있을 것이다. 혹은 차멀미로 주변의 자연환경이 머릿속에 들어오지 않을 수 있다.

집 근처 가까운 곳부터 관찰하는 습관을 길러주고, 작은 것을 깊이 보고 생각하는 훈련을 하도록 한다. 집 앞의 작은 풀 한 포기, 혹은 하찮은 돌멩이 하나를 주제로 이야기를 시작할 수 있다.

"이 풀씨는 어디에서 날아온 것일까?"

"이 돌멩이는 여기서 무엇을 하고 있을까?"

눈으로 보는 사물을 여러 각도에서 바라보고 집에서 그림으로 표현하게 하는 것도 훌륭한 두뇌교육이다. 이렇게 눈으로 보는 부분을 이야기하는 것은 관찰능력 즉, 보는 사고력 훈련을 하는 것인데 보이지 않는 것도 질문을 해서 창의력과 추리력도 함께 향상시키면 좋겠다.

보는 창의력이 떨어지면 무엇이든지 겉만 보는 아이가 된다. 그속에 무엇이 들어있는지, 그 속은 어떻게 생겼는지를 궁금해하는 아이여야 창의력이 향상된다. 겉모습만 보여주고 겉모습에 대해서 관심을 갖게 한다면 창의력이나 상상력을 기대하기 어렵다.

아이와 함께 경복궁에서 이 건물 저 건물 몇 시간 동안 다녔지만 아이에게 아이스크림을 먹은 기억밖에 없을 수 있다. 이 아이에게 경복궁의 건물은 관심 밖이었기 때문이다. 많은 것을 보여주기보다 한가지를 깊이 여러 각도에서 보여주고 생각하게 하는 것이 뇌 발달에 효과적이다.

엄마가 행복해지는 우리 아이 뇌 습관

현장학습은 다양한 경험을 맛보는 기회를 통해 풍부한 지식을 제공한다. 이때 보고, 듣고, 만져 보고, 냄새 맡고, 맛보는 오감을 통해 얻은 정보들은 영구적인 장기기억으로 저장된다. 관심 밖인 것, 나와 무관한 것들은 금세 잊기 마련이어서 현장학습을 할 때에도 학습의 목적이 없으면 교육적 효과가 반감될 수밖에 없다. 현장으로 가기 전에 무엇을 보러 왜 가는지 간략하게 설명할 필요가 있다.

만약 동물원에 간다면 "동물원에는 코끼리도 있고 기린도 있다"라고 사전 정보를 주어 아이들이 코끼리를 연상하게 하자.

눈에 보이는 사물과 어른들의 행동도 아이들의 호기심과 탐구심을 자극하는 대상이다. 하루의 대부분을 함께 생활하는 엄마의 일상은 아이의 흥미를 끌기에 충분하다. 때문에 아이들을 집안일에 참여시켜 가족의 소중함을 일깨우고, 일을 마쳤을 때의 뿌듯함과 남을 도울 수 있다는 봉사정신도 길러 주자. 이는 사고력뿐만 아니라 창의력, EQ(정서) 발달에 도움이 된다.

또한 자녀와 함께 가까운 고궁이나 문화유적지 기타 각 관공서, 은행, 우체국, 동·식물원, 놀이터, 수영장, 시골길, 바닷가, 시끄러운 시장, 공원 등을 가 보는 것도 보는 사고력을 위해 필요한 경험이기 때문에 적극 권장한다.

# 보고 듣고
# 읽은 것에 대하여

말하는 사고력이란 보고 듣고 읽은 것에 대해 질문했을 때 대답하는 능력을 말한다. 말하는 사고력이 높고 보는 사고력이 낮다면 무엇을 보았는지에 대한 질문에 정확하게 답변하기 어렵다.

마찬가지로 말하는 사고력이 높고 듣는 사고력이 낮다면 내용 파악을 못할 수 있다. 보는 사고력이나 듣는 사고력이 높다고 해도 말하는 사고력이 낮다면 보고, 읽고 들었어도 제대로 전달하기 어렵다.

말하는 사고력이 높다면 보고, 듣고, 읽은 내용을 정확하게 전달하는데, 이런 아이가 되기 위해선 어려서부터 무엇을 보았는지, 무엇을 들었는지, 어떤 내용을 읽었는지 꾸준히 표현하도록 해야 한다.

말하는 것도, 듣는 것도, 읽는 것도, 보는 것도 교육을 통해 발달되기에 누가 더 구체적으로 교육을 받았는지에 따라 그 능력이 달라진다. 보고, 듣고, 말하는 것은 과정중심교육이어야 한다. 어려서부터 지나치게 주입식으로 학습지 풀고, 한글 몇 쪽 쓰게 하고, 영어 단어 10개 더 외우게 하는 학습지도는 뇌를 망가뜨린다.

유아기는 과정중심교육이 우선되어야 하는데, 일방적인 지도보다는 질문을 통해 사고하면서 논리력을 향상시키는 것이 필요하다. "오늘 재미있었니?"라고 물으면 "몰라" 혹은 "재미있었어"라고 대답한다. 이럴 때 아이의 생각을 끄집어내는 질문을 해야 한다.

엄마가 행복해지는 우리 아이 뇌 습관

"선생님이 어떤 옷을 입고 오셨는데?"

"간식이 맛있었니?"

구체적인 질문이 구체적인 대답을 하게 한다. 아이는 유치원에서 있었던 일을 떠올리며 말하게 될 것이다. 하지만 기억나지 않을 만큼 아이 관심 밖의 내용에 대해 낱낱이 묻는다면 오히려 뇌 발달에 역효과를 나타낼 수 있다.

말하는 사고력에는 창의력을 포함한다. 창의력이 부족하다면 보고 들은 대로, 읽은 내용 그대로 전달하려고 하지만 창의적이라면 생각과 느낌을 담고 궁금한 내용을 질문하게 된다.

아이가 유치원에서 일어난 일을 그대로 전달했다고 하자.

"오늘 수철이와 재범이가 싸웠어요. 수철이가 재범이 지우개를 슬쩍 가져가서 재범이가 빼앗다가 재범이 공책이 찢어졌거든."

이때 질문하는 것이 좋다.

"누가 잘못했을까?"

"몰라"하고 대답하는 아이가 있는가 하면 창의적인 아이는 논리적으로 분석하면서 느낌이나 생각을 말하기도 한다.

"수철이가 먼저 잘못했습니다. 슬쩍 지우개를 가져갔으니까요. 그렇지만 지우개를 빼앗은 재범이도 잘못했어요. 지우개를 돌려달라고 하지 않고 빼앗으려고 했잖아요."


이렇게 세 가지 사고력은 뇌 발달이 활발한 시기에 교육이 이루어지는 것이 좋다. 보고 듣는 사고력이 뛰어나고 말하는 사고력이 발달되지 않는다면 언어 전달이 어렵고, 말하는 사고력이 부족하면 언어 전달력이 떨어져서 말보다 행동이 앞서 문제아가 되기도 한다. 갑자기 친구에게 폭력을 행사하는 등 이해받기 힘든 일들이 일어난다. 건성으로 말하는 습관이 의사 전달을 제대로 못해 열등감을 가져온다.

어휘력은 중요하다. '말 한마디로 천 냥 빚을 갚는다'라는 속담이 있듯이 방법따라 아이 미래가 달라진다.

언어는 깊이 생각할 줄 아는 수용성 언어(추상력), 말로써 상대방에게 감정과 의사를 전달하는 표현성 언어(언어사고력)로 나뉘는데, 생각과 언어가 뛰어나서 말을 유창하게 하는 사람이 있는가 하면, 생각뿐이고 다른 사람 앞에서 의사 표현을 분명하게 못하거나, 논리적인 의사 표현이 안 되거나, 별 생각도 없고 말수가 없기도 하다.

쓰기와 말하기는 실과 바늘 같아서 생각해야 말도 잘할 수 있다. 언어적인 상호작용은 정신발달에 중요한 영향을 끼친다고 하였다. 부모와의 애착 관계에서 많은 대화를 나눈 아이는 뇌 발달이 활발하다. 부모와 대화가 없다면 인지적인 발달이 늦어진다. 말 잇기 게임을 해보자. 어휘력과 기억력, 집중력 향상에 도움을 준다.

**말 잇기 게임 1**

① 여러 명의 아이들이 돌아가면서 게임을 한다.

② 처음에 '나는 바나나를 좋아한다.'

③ 다음 아이는 '나는 바나나를 좋아하고 사과를 좋아한다.'

④ 또 다음 아이는 '나는 바나나를 좋아하고 사과를 좋아하고 오렌

지를 좋아한다.'
⑤ 이렇게 틀리는 아이가 나올 때까지 계속된다.


## 말 잇기 게임 2
① 여러 명의 아이들이 돌아가면서 게임을 한다.
② 첫번째 아이가 "강아지"하면 다음에 "지팡이" 그 다음에 "이불"등
   단어를 이어 가면서 게임이 계속된다.


## 단어 연상 게임
① 여러 명의 아이들이 돌아가면서 게임을 한다.
② 첫 번째 아이가 "우산"이라고 말한다.
③ 두 번째 아이는 "비"라고 하고,
④ 세 번째 아이는 "천둥" 그 다음에 "먹구름" 또는 "태풍"이라고 이
   어간다. 그리고 서로 왜 그 단어를 선택했는지 연관성에 대해 이
   야기한다.


## 이야기 꾸미기
① 여러 소재의 그림을 보여 주고 이야기를 꾸미게 한다.
② 서로 다른 여러 장의 그림을 제시하고 스토리를 만드는 것이다.
③ 아이 자신이 이야기 주인공이 되는 경험을 할 수 있다.
   엄마 아빠도 함께 등장인물이 되어 대화를 이끌어가는 것도 좋다.

# 독서는
# 학습능력이다

글을 깨우치기 전까지 그림을 보면서 내용을 상상하고 뇌 발달이 활발한 시기인 7살부터 10살 무렵에는 읽는 사고력이 필요하다. 그래야 학습이 가능해진다. 읽는 사고력이란 글을 읽고 정확하게 내용을 파악하는 힘을 말한다.

이때 책 읽는 습관이 잘못되면 그림을 보듯이 글을 읽으면서 책장을 넘기기도 한다. 책을 많이 읽어도 독해력이 떨어지고 읽은 사고력이 향상되지 않는다. 나아가 흥미를 잃는다.

책을 정확하게 발음하면서 읽는 것은 사고력 향상에 도움을 주지만 읽는 사고력만 높아지고 이해하는 능력이 향상되지 않는다면 시험문제를 읽고도 어떤 답을 쓰라는 것인지 문제의 핵심을 이해하지 못할 수도 있다.

독서와 학습능력은 밀접하게 관계되어 있다. 학습능력을 향상시키려면 먼저 정보를 정확하게, 그리고 신속하게 받아들이는지 지도하면서 읽은 내용을 종합적으로 분석하는 힘을 길러야 한다.

책 속에서 과거와 현재, 미래를 알 수 있다. 진리와 지혜가 담겨 있다. 규칙적인 독서 습관은 내용에서 핵심이 무엇인지 판단하고 구별하게 된다. 최근 통계를 보면, 책을 가까이 하면 전인적이며 성적이 우수하며, 언어사고력도 높다고 나타났다.

독서는 생각하는 힘을 발휘하는 지적 잠재력과 추상력, 발표하고 설득하는 언어사고력을 향상시키고, 감정을 자극시켜 감성이 풍부하게 한다.

이처럼 독서 습관이 우리에게 미치는 영향은 크다. 다양한 분야의 책을 골고루 읽는 것이 좋고, 그러려면 엄마 아빠의 독서 습관이 선행되어야 할 것이다. 독서는 말하기 훈련의 시작이자 전부라고 해도 과언이 아니다.

- 책 내용을 이해한다면 글을 쓰게 된다. 들으면 말하고 읽으면 쓸 수 있다.
- 좌뇌형인 경우 창작동화, 전래동화가 좋고, 우뇌형은 위인전, 과학도서가 효과적이다.
- 독서량과 언어사고력은 비례한다.
- 책의 낭독은 호흡을 고르게 하면서, 머리로 생각하고 눈으로 주시하면서 듣기에 자연스러워야 한다.
- 안면 근육을 발달시켜 입을 크게 벌리고 정확하게 말하도록 한다.
- 말끝을 흐리지 않고 정확하게 발음하도록 한다.
- 낭독한 내용을 녹음하여 부족한 발음을 깨닫게 한다.
- 말할 기회를 자주 만들어 준다.
- 눈을 보면서 말하는 습관이 필요하다.

# 논리적인 말하기는
## 듣기에서

듣는 사고력은 말을 듣고 이해하는 능력이다. 말하는 것을 듣고 이해하는 것이 쉬운 것 같지만 그렇지 않다. 듣는 사고력이 부족하면 수업시간에 선생님 말씀을 듣지 못한다. 그러다보니 손장난을 하는 등 딴짓하게 된다. 학습능력이 떨어질 수밖에 없다.

생활 속에서 자연스럽게 대화하는 습관이 몸에 배면 듣는 사고력이 높다. 특히 눈을 마주보며 대화하는 습관은 중요하다. 그래서 옹알이를 할 무렵부터 엄마가 눈을 마주치면서 아이의 감정을 함께 교감해야 하는 것이다.

듣는 사고력은 집중력이 있어야 가능하다. 창의력 없이 듣는 사고력만 좋다면 상대방이 말하는 것을 곧이곧대로 듣게 되어 말하는 사람의 생각을 정확하게 파악하지 못한다. 자칫 사소한 말 한마디가 오해의 소지가 되기도 한다. 창의력이 뛰어난 아이들은 상대방이 왜 그런 말을 하는지, 왜 그런 예를 들어 설명했는지 빠르게 이해한다.

우리 교육에서 읽기 듣기는 잘되었다고 평가되고 있으나 그에 비해 쓰기와 말하기는 잘 이루어지지 않았다. 그러다보니 적극적이고 주도적인 학습효과가 이루어지지 않고, 배운 것을 활용하기보다 피상적인 상태에 머무르게 한다.

최근 초등학생들이 토론하는 동영상 자료를 보게 되었는데, 논리적으로 주장하는 모습에 놀란 적이 있다. 말의 내용이 일관성이 있어서 말하기 사고력이나 듣기 사고력이 향상되고 있음을 알 수 있었다.

그동안 교육현장에서 창의력이나 사고력이 떨어진다는 지적이 많았다. 그 원인으로 주입식 교육과 결과중심교육의 문제점을 우선적으로 다루었는데, 아이들이 토론에 참여하는 모습을 보면서 우려할 일이 아니라고 생각했다.

## 글쓰기,
# 곧 창작의 즐거움

읽기를 통해 글쓰기가 가능하다. 그렇지만 독서량이 무조건 글쓰기에 도움이 되지는 않는다. 책의 내용만 요약할 줄 안다면 낭패이다. 독서감상문도 요약만 해서는 좋은 평가를 받을 수 없다.

의외로 다독한 아이들의 70% 이상이 글쓰기를 두려워한다고 한다. 많은 책을 읽고 내용 요약에 급급했던 것이라면 그런 결과를 가져올 수 있다. 쓰는 사고력을 기르지 못했던 것이다. 독서는 내용을 이해하면서 생각하는 과정이 함께 해야 한다. 글쓰기는 생각하고 표현하는 일이기 때문이다.

또 글쓰기에서 구성력은 논리적으로 첫 문장을 어떻게 써야 할지 문장은 어떻게 표현할지를 포함하기 때문에 글쓰기는 엄밀한 의미에서 언어나 단어가 아니라 어떤 생각을 언어로 나타내는 활동이다. 어떤 상황에 대한 감정이나 자신의 내면에서 일어난 갈등까지, 필요하다면 하늘의 뭉게구름을 표현하는 일이다.

그림이나 만화가 글쓰기 동기부여에 훌륭한 교재가 된다. 어휘력은 물론 창의력을 기를 수 있다. 특히 만화에 등장하는 수많은 의성어들은 읽기 사고력을 극대화시켜주고 재미와 흥미를 배가시킨다. 생생한 상상력을 제공한다.

신문 읽기는 통합적 사고력을 길러주기에 가장 좋다. 갖가지 사건들이 들어 있고, 정치, 경제, 교육, 문화, 생활, 역사, 환경 등이 총망라되어 있다. 그래서 신문 읽기는 통합적 사고를 돕는다. 이런 활동이 종합적으로 이루어진다면 글쓰기는 쉽고 재미있는 활동이 될 것이다. 글쓰기, 곧 창작의 즐거움에 도전하길 바란다.


글쓰기는 생각을 키우는 일이다. 생각, 사유, 느낌, 감정을 언어를 통해 기록해야 누군가에게 전달할 수 있다. 아이가 처음 말을 할 때도 놀랍지만 글을 쓰면 신기하기만 하다. 마치 기적이 일어난 것만 같다. 아이의 생각과 마음을 잘 알 것 같아서 그렇기도 하다.

그런데 엄마 아빠는 '논술'이 글쓰기 능력인 줄 안다. 논술교육을 잘하면 글쓰기를 잘한다고 믿는다. 그러나 대부분의 논술교육은 창의력이나 개인의 재능을 배제한 경우가 많아서 논술과 글쓰기는 구

엄마가 행복해지는 우리 아이 뇌 습관

별해야 한다. 반복된 훈련이 창작 활동이라고 할 수 없다.

　그러므로 글쓰기 능력은 보고 듣고 말하는 능력이 함께 통합적으로 이루어질 때 글을 잘 쓸 수 있는데, 엄마 아빠가 아이에게 할 일은 아이가 표현하는 모든 행위를 자주 칭찬해야 한다. 말을 잘해도 칭찬하고, 책을 큰소리로 잘 읽어도 칭찬한다. 엄마 아빠가 읽어준 책 내용을 잘 들었다면 역시 칭찬해야 한다.

　이처럼 아이가 보고 듣고 말을 하면서, 자신도 그와 같이 표현하고 싶어질 때 글쓰기가 시작되고, 글을 잘 쓰고자 탐구하게 된다.


# 종합적 사고력과
# 국어사전


　우리 부모들은 가족 부양의 책임과 자녀 교육에 대한 부담으로 여유롭고 한가하게 즐기는 생활은 상상하기 어려웠다. 정말 바쁘게 부지런하게 성공과 성취를 향해 살았다. 요즘 신조어 '뉴트로'의 등장은 얼마나 급격한 변화의 물살에 놓여 있는지 알 수 있다.

　뉴트로는 새로움(new)과 복고(retro)를 합친 신조어로, 복고(retro)를 새롭게(new) 즐기는 경향을 말한다. 뉴트로 문화는 아날로그 감성에 디지털 문화의 복합적 기능을 대변한다고 해석할 수 있다. 앞만 보면서 성공을 향해 달리거나, 먹고 사는 데 급급했던 중장년층에게 뉴트로 감성은 추억과 향수를 제시하고, 청년들에게는 새로움과 즐거움을 선물하고 있다.

'책은 빌려 주지도 말고, 빌려 주면 돌려 달라고 하지 말라'고 했던 시절이 있었다. 책에 대한 소중함을 일깨웠던 말이다. 이 정도로 '책 읽기' 경험은 언제나 놀라운 신세계를 만나는 길이었다. 그러나 지금은 그렇지 않다. 인터넷 서핑에서 키워드 몇몇 검색하면 웬만한 궁금증은 필요 이상의 정보를 얻을 수 있다. 가짜 뉴스를 구별해야 할 만큼 정보가 넘친다.

그 뿐만 아니라 공공 도서관나 동네 주민센터 마다, 어느 지역 어느 마을이든지 다양한 독서활동이 가능하도록 갖춰지게 되었고, 대형서점은 물론 분야별 독서가 가능한 작은 서점에서도 좋은 독서 환경을 제공하고 있다. 그렇지만 우리 아이들이 행복할까? 이 질문에 대한 대답이 무엇보다 시급하게 숙제가 되고 말았다.


다음 세대의 우리 아이들에게 어떻게 행복한 꿈을 꾸게 하고, 디지털 지식 기반 사회에서 어떻게 자기 주도적으로 살아가게 할 것인가? 어떠한 지혜를 가져야 미래의 진로를 꿈꿀 수 있을까? 이를 위해서는 성장기에 종합적인 사고력 습관이 중요하고, 종합적 사고력은 창의력이 담보될 때 한층 가능하다.

미래 인재는 창조적이고 창의적여야 한다. 미래사회의 경쟁력은 창의적인 발상이 우선 되어야 종합적 사고력으로 통합적으로 사고할

엄마가 행복해지는 우리 아이 뇌 습관

수 있고, 상상할 수 있으며, 그 결과를 창출해낼 수 있다. 빅데이터를 기반으로 새로운 것을 창의적으로 만들어내야 하는 것이다.

불과 몇 년 전만 하더라도 자녀 교육을 '치맛바람'이라고 불릴 만큼 맹목적인 열성으로 고학력 사회를 가져왔으나 한편 일 대 일 양육이나 상담이 필요할 정도로 자녀들의 인성에 대한 아쉬움이 뒤따랐고, 급기야 갖가지 사회 문제가 되고 말았다.

미국의 심리학자 길포드(Guilford)는 『교육의 함축과 창조적인 지식』에서 창의성 동기 부여 요인으로 여덟 가지를 제시했는데, sensitivity to problems, flexibility, novelty of ideas, flexibility of mind, the complexity of conceptional structure, evaluation ability 외에 종합분석적 능력(synthesizing and analyzing ability)이나 재정의하고 재구성하는 힘(a factor involving reorganization or redefinition)을 중요 포인트로 강조하고 싶다.

창의적인 아이들은 행복한 아이들이라고 할 수 있다. 과제에 깊이 몰두하고, 가난해도 생기발랄하며, 가르침의 권위에도 의문을 제기하고, 사물에 대한 관찰력이 뛰어나며, 관련이 없어 보이는 것들의 연관성을 찾아내고, 새로운 발견에 감동하며, 통찰력 있는 질문을 할 줄 알고, 깨달음을 통해 지혜를 얻는다고 한 심리학자 토렌스(Torrance)의 '창조성'과도 연결되어 있다.

한동안 신문 활용 교육(NIE)을 통해 아이들에게 정보와 지식을 얻는 법을 제시한 적이 있다. 신문스크랩을 가지고 학습과 토론에 활용하기도 했다. 이를 다시 재활용하는 것은 어떨까? 우리 사회에서 일어나는 새 소식과 지구촌의 흥미로운 정보 등 다양한 분야의 기사를 꼼꼼히 읽어내야 개성 있게 주체성을 있는 스크랩을 할 수 있고, 이에 대한 생각과 주장을 토론할 수 있다. 지금은 종이 신문의 구독률이 현저히 떨어졌다고 하지만 아이들 교육과 학습도구로서 유용할 수 있다는 점에서 신문 구독에 대해 재고하기 바란다.

여기서 더 나아간다면 신문기사를 가지고 가족 토론이 이루어진다면 좋겠다. 가족의 공통적인 의견을 숙지하면서 자신의 생각을 비교하고 비판하게 된다면 문제해결 능력을 고양시킬 수 있다. 그러려면 '왜?'라는 질문을 해야 하고, 주제와 관련 자료를 분석해야 해서 종합적 사고력을 키울 수 있다.

모범생 여자아이 학부모와의 상담 시간에 뜻밖에 이야기를 들은 적이 있다. 아이가 글쓰기를 좋아해서 '국어사전으로 단어 익히기'를 하게 했더니 아이의 언어구사력은 물론 문장 표현력이 놀랍게 향상되었다고 한다. 책 읽기와 함께 또 다른 영역의 학습도구가 국어사전이었던 셈이다.

신문 스크랩과 토론 학습과 마찬가지로 오래 전 학습 도구인 '국어사전'을 다시 재활용하는 것도 효과적이라고 생각한다. 디지털시대에 아날로그적 학습도구가 주는 감성이 시너지 효과가 아닐까 싶다. 책을 읽다가 모르는 단어가 나오면 컴퓨터로 검색해도 되겠지만 국어사전이라는 학습 도구가 주는 재미와 즐거움, 성취감은 디지털 감성과는 다른 새로운 상상력을 제공할 것이다. 아이에게 부모 세대의 히스토리를 함께 들려준다면 더욱 효과적일 것이다.

엄마가 행복해지는 우리 아이 뇌 습관

# 우리 아이 뇌 습관 Q&A

**Q. IQ검사와 두뇌검사의 차이가 무엇인지요?**

**A. 뇌가 발달한 후에 IQ검사가 이루어져야 합니다.**

100년 전, IQ라는 말이 처음 사용되면서 두뇌검사가 시행되었습니다. 1983년에 하버드대학교 하워드 가드너 교수는 IQ에 대해 새로운 접근을 시도합니다. 그동안 너무 좁게 해석했다는 전제로 다양한 능력이 지능을 구성하며, 이 능력들은 상대적인 중요성이 동일하다고 보았지요. IQ점수가 함축하는 의미보다 넓게 인간의 잠재력을 탐구하였고, 두뇌는 '공부하는 뇌'나 '운동하는 뇌'만으로 이루어지지 않았다는 것입니다.

1980년대 후반 우리나라는 IQ검사 전성기였습니다. 두뇌 정도를 IQ점수로 평가하는 중요한 기준이었습니다. 90년대 후반에 IQ검사를 시행하지 않게 되었고, 2000년대 초반부터 과학과 의학을 기초로 다양하게 접근하였습니다. 좌우 뇌 검사는 물론 뇌를 관찰하는 영상검사, 뇌파검사, 지문검사 등이 그것입니다.

내가 뇌교육에 관심을 가진 것은 1990년대 초, 스페리 이론을 공부하면서부터였습니다. 두뇌는 좌뇌와 우뇌가 반드시 유기적인 네트워크를 이루어야 좋은 뇌, 즉 전뇌적이 된다는 것을 연구하게 되었습니다. 전뇌적인 8개의 두뇌 영역은 따로따로 있는 것이 아니라 하나의 그룹을 이루면서 몸을 지배하기 때문에 각 영역마다 유기적으로 연결되어야 뇌 발달이 이루어집니다. 참고로 스페리 이론은 캘리포니아 공과대학의 로저 스페리 박사의 이론입니다.

스페리 이론을 기반으로 계발한 BGA(Brain General Analysis)검사는 두뇌 우위 선호도에 의해 좌뇌와 우뇌로 나누고, 가드너 이론에 근거하여 좌뇌와 우뇌를 각각 4영역으로 나누어서 적용합니다. 8개 영역으로 구분한 것인데, 좌뇌는 언어적, 학습적, 논리적인 면을 검사하고, 우뇌는 집중력, 통찰력, 구성력, 지각속도력 등을 검사하게 됩니다.

뇌 구조가 어떻게 연관되어 있는가에 따라 학습효과를 점검할 수 있도록 되어 있습니다. 뇌의 어디가 열려 있고 어디가 닫혀 있는지, 그래서 현재 어떤 상황인지를 분석하여 어떻게 할 것인지를 살펴보는 것이지요.

두뇌 선호도를 종합적으로 검사하면서 우선 부모가 알아야 할 뇌는 개폐 형식이라는 점이다. 예를 들어 우뇌가 열리면 좌뇌가 닫히고, 좌뇌가 열리면 우뇌가 닫힌다는 말입니다. 사고력보다 언어구사력이 높다면 '입만 살아구나'라는 소리를 들을 것이고, 말수가 적고 사고력이 뛰어난 경우는 아이의 뇌 속에 이미 사고하는 뇌가 있으나 미처 사용하지 못하고 있다고 볼 수 있습니다.

　이 같은 결과는 학습에 적용될 뿐 아니라 인성에도 적용됩니다. 닫혀 있는 아이는 소심해서 작은 일에 조바심을 내고, 겁이 많아 자신감이 없습니다. 사람들 앞에서 발표하기를 꺼려합니다. 자신의 생각을 마음껏 표현하지 못해 스트레스를 받게 되지요.

　좌뇌와 우뇌가 뇌량 다발로 연결되듯이 좌뇌 중에서 언어사고력, 추상력, 수리력, 추리력 등의 영역별 뇌는 연관되면서 서로 밀접한 관계를 가집니다. 서로 연관되지 않는다면, 생각하나 말로 하지 못하는 아이가 될 것입니다.


　뇌 발달 단계인 아이에게는 80% 이상 발달한 후 IQ검사를 하는 것이 바람직합니다. 100미터 달리기를 한 후 1등부터 순위를 정하는 것처럼 100명 중에 1등이면 130, 1,000명 중에 1등이면 140, 100명 중에 50등이면 106 정도로 점수가 매겨져서는 안 될 것입니다. 결국 IQ검사를 제대로 하려면 100미터를 달리고 나서 등수를 수치로 전환해야 하는데, 유년기 아이들은 겨우 2~30미터를 달리기에 1등이 130, 50등이 106이 될 수밖에 없기 때문이다.

　그렇다면 BGA검사는 무엇일까요? 'Brain General Analysis'이라는 말 그대로 두뇌검사를 통해 좋합적인 분석을 하는 것입니다. 비유

하자면 달리는 아이를 동영상에 담아 달리는 자세와 속도, 환경을 살피면서 아이가 가진 잠재력이나 미처 계발되지 못한 것들을 발견하고 분석하고 개선이 필요한 것이 있다면 학부모와 선생님과 나누고 돕는 역할을 하는 것입니다.

1992년부터 지금까지 아이들의 뇌 발달 연구를 하고 있습니다. 그 결과 200여 권이 넘는 두뇌 관련 교재와 논문 그리고 몇몇 저서들을 집필했고, 아이들의 교육을 위해 BGA두뇌검사 프로그램을 개발했습니다.

매년 수많은 아이들의 두뇌검사를 하면서 그 결과를 기준으로 교육을 하지만, 가정이 바로 서야 한다는 사실을 뼈저리게 느낍니다. 아무리 좋은 유치원 교육을 받고, 좋은 학교나 학원을 다닌다고 해도 문제 부모의 아이는 문제아이기 때문입니다.

또한 아이들에게 지나치게 스크린이 노출되어 있어서 스크린 중독에 대해 고민해야 합니다. 스마트폰이나 컴퓨터 게임이 뇌에 미치는 영향이 얼마나 심각한지를 실감해야 할 것입니다.

나의 교육이
# 시가 되고 노래가 되기를

아름다운 추억이 있어야 아름다운 꿈이 만들어진다. 나의 어린 시절은 마음대로 먹을 수도 없었고 힘껏 공부하기도 어려울 만큼 참으로 힘들고 어렵게 살았다. 그러나 돌이켜보면 힘든 순간들도 그립고, 친구들과의 기억도 아름답고 행복하기만 하다.

마을 친구들과 함께 산으로 들로 뛰어다니면서 겨울에는 사랑방에 모여 화롯불에 고구마를 구워 먹고, 여름에는 마을 냇가에서 멱을 감기도 하고, 땔감을 구하러 다니는 게 일이었다. 가끔 장날이면 부모님을 따라다니던 장터에서 신기한 듯 물건을 구경했던 기억, 십리 길을 달음박질해서 학교 가던 기억이 새롭기만 하다.

그때는 왜 그리 배가 고팠던가. 언제나 먹을 것은 부족했고, 작은 알사탕마저 나누어 먹었다. 바지든지 양말이든지 헤지면 천을 덧대어 꿰맸다. 어찌나 추웠던지 방안의 걸레가 아침이면 꽁꽁 얼어 있었다. 그래도 갈피갈피 참 행복했던 기억이 너무 많다. 그 마음으로 노래하면 예술이 되고 글을 쓰면 시가 될 것만 같다. 이렇듯 한 세대를 지나온 사람들의 삶 속에는 모두 스토리가 있다.

요즘 아이들을 가르치다 보면 마음이 무거워진다. 행복한 적이 없단다. 가장 하고 싶은 것은 친구를 만나 뛰어 노는 것이 아니라 컴퓨터게임을 하는 것이란다. 이 아이들 마음속에는 시가 없고 노래가 없다. 예술의 영혼이 없다는 것이 안타깝다.

그래서 나의 교육은 아이들 마음속에 시를 넣어주고 예술의 영혼을 넣어주는 교육을 하는 것이다. 예능 방송 패널로 출연하면서 이런 이야기를 한 적이 있다. 부부 관계에서 매일 잘해주는 남편이 어쩌다가 잘못하면 잔소리를 듣는데, 매일 술 먹고 막 사는 남편이 어쩌다가 한번 잘하면 아내가 너무 행복해한다는 것이다. 아이들도 그럴 것이다. 매일 잘해주면 그 기쁨을 모르는 것처럼 아이들도 계속 잘해주기만 하면 행복을 모르고 자란다.

"둘도 많다. 하나만 낳아 잘 키우자"는 운동이 이 땅에 너무 많은 폐해를 남겼다. 그렇게 자란 세대는 양보나 배려를 찾아볼 수 없게 되었다.

요즘 유아교육기관 원장교육을 하다보면 유치원 운영을 하고 싶지 않다고들 한다. 부모들이 얼마나 무서운지 평상시에는 모르다가 자기 아이에게 조그만 상처를 발견하면 돌변한다는 것이다. 모든 학부모가 그렇다는 것은 아니지만 갈수록 서로 공감하면서 배려하고 양보하는 일이 드물어져서 학부모가 무섭단다.

엄마가 행복해지는 우리 아이 뇌 습관

아이에게 상처가 나거나 아이들까지 다투기라도 하면 아이들끼리 문제보다 학부모들과의 문제 해결이 더 어렵고 힘들다. 다음세대를 이끌어 나갈 우리 아이들, 그 아이들의 미래가 걱정된다. 이러한 일들은 나빠질 확률이 더 높다. 부모들이 아이들을 사람다운 사람이 되게 키우지 않기 때문이다.

그래서 교육은 백년을 보고 준비해야 한다. 한글 하나 더 배우고 숫자 계산을 잘하는 것보다 아름다운 기억이 매우 중요하다. 배려하고 양보하는 미덕이 있을 때 우리 아이들에게 더 좋은 미래가 있다.

# 참고도서 목록

- 엄마의 뇌에 말을 걸다 (10개의 키워드로 이야기하는 나이 듦의 뇌과학) 이재우 저 | 카시오페아 | 2019.08.19.
- 십대들의 뇌에서는 무슨 일이 벌어지고 있나 미리보기바버라 스트로치 저 | 강수정 역 | 해나무 | 2004.12.06.
- 머리를 비우는 뇌과학 (너무 많은 생각이 당신을 망가뜨린다) 닐스 비르바우머, 외르크 치틀라우 저 | 오공훈 역 | 메디치미디어 | 2018.12.10.
- 조급한 부모가 아이 뇌를 망친다 (뇌과학이 알려준 아이에 대한 새로운 생각) 신성욱 저 | 어크로스 | 2014.06.24.
- 왜 젊은 뇌는 충동적일까 (성장하는 뇌, 삶을 변화시키는 똑똑한 습관의 발견) 제시 페인 저 | 엄성수 역 | 21세기북스 | 2015.08.14.
- 아이의 뇌에 상처 입히는 부모들 (30년 경력의 소아정신과 전문의가 알려주는 최고의 육아법) 도모다 아케미 저 | 이은미 역 | 북라이프 | 2019.02.05.
- 0~4세 뇌과학자 아빠의 두뇌 발달 육아법 (두 아이를 직접 키운 도쿄대 교수의 리얼 육아 스토리!) 이케가야 유지 저 | 김현정 역 | 스몰빅에듀 | 2018.10.10
- 우리 아이 독특한 행동 특별한 뇌 (자폐스펙트럼장애, 통합적 시각으로 찾은 최적의 치료법) 장원웅 저 | 전나무숲 | 2016.11.29
- 습관의 재발견 (기적 같은 변화를 불러오는 작은 습관의 힘) 스티븐 기즈 저 | 구세희 역 | 비즈니스북스 | 2014.11.25.
- 왜 좋은 습관은 어렵고 나쁜 습관은 쉬울까? 에이미 존슨 저 | 임가영 역 | 생각의서재 | 2019.04.24.
- 청소년기의 뇌 이야기 (부모가 알아야 할 교육과 미래 2) S. 페인스타인 저 | 황매향 역 | 지식의날개 | 2008.12.01.
- 두뇌를 깨우는 7가지 습관 (머리가 좋아지는 뇌의 비밀) 하야시 나리유키 저 | 고원진 역 | 김영사 | 2011.09.30

엄마가 행복해지는 우리 아이 뇌 습관

- 아기 뇌가 좋아하는 뚝딱 오감발달놀이 (0~36개월 육아가 쉬워지는 아기놀이 90가지) 안선미 저 | 시공사 | 2016.02.26.
- 칼 비테 교육법 (평범한 아버지의 위대한 자녀교육) 칼 비테 저 | 김일형 역 | 차이정원 | 2017.07.28
- 첫 6년의 뇌 (아이 인생의 골든 타임) 알바로 빌바오 저 | 남진희 역 | 천문장 | 2019.09.02.
- 0세 교육의 비밀 (세계의 영재교육 실천 성공사례) 시치다 마코토 저 | 모국어교육연구회 역 | 한울림 | 2003.01.31
- 교양으로 읽는 뇌과학 (해마 박사 이케가야 유지와 함께하는 쉽고 재미있는 대뇌생리학 강의) 이케가야 유지 저 | 이규원 역 | 은행나무 | 2015.11.05.
- 창조하는 뇌 (뇌과학자와 예술가가 함께 밝혀낸 인간 창의성의 비밀) 데이비드 이글먼, 앤서니 브란트 저 | 엄성수 역 | 쌤앤파커스 | 2019.07.17.
- 좌우뇌 불균형 아이들 (학습장애, 난독증, ADHD, 자폐스펙트럼 질환 어린이와 청소년을 위한 획기적인 두뇌균형 프로그램) Robert Melillo 저 | 우영민 역 | 이퍼블릭 | 2012.03.16.
- 우울할 땐 뇌과학 (최신 뇌과학과 신경생물학은 우울증을 어떻게 해결하는가) 알렉스 코브 저 | 정지인 역 | 심심 | 2018.03.12.
- 머리를 비우는 뇌과학 (너무 많은 생각이 당신을 망가뜨린다) 닐스 비르바우머, 외르크 치틀라우 저 | 오공훈 역 | 메디치미디어 | 2018.12.10.
- 우리 아이 독특한 행동 특별한 뇌 (자폐스펙트럼장애, 통합적 시각으로 찾은 최적의 치료법) 장원웅 저 | 전나무숲 | 2016.11.29
- 왜 좋은 습관은 어렵고 나쁜 습관은 쉬울까? 에이미 존슨 저 | 임가영 역 | 생각의서재 | 2019.04.24.
- 10대를 몰입시키는 뇌기반 수업원리 10 배리 코빈 저 | 이찬승 외 1명 역 | 한국뇌기반교육연구소 | 2013.05.31
- 개념 잡는 비주얼 뇌과학책 (좌뇌와 우뇌에서 올리버 색스까지 우리가 알아야 할 최소한의 뇌과학 지식 50) 크리스 프리스, 애닐 세스 저 | 전대호 역 | 궁리 | 2018.01.10.
- 교양으로 읽는 뇌과학 (해마 박사 이케가야 유지와 함께하는 쉽고 재미있는 대뇌생리학 강의) 이케가야 유지 저 | 이규원 역 | 은행나무 | 2015.11.05.

- 창조하는 뇌 (뇌과학자와 예술가가 함께 밝혀낸 인간 창의성의 비밀) 데이비드 이글먼, 앤서니 브란트 저 | 엄성수 역 | 쌤앤파커스 | 2019.07.17.
- 10대의 뇌 (인간의 뇌는 어떻게 성장하는가) 프랜시스 젠슨, 에이미 엘리스 넛 저 | 김성훈 역 | 웅진지식하우스 | 2019.01.03.
- 뇌과학과 심리학이 알려주는 시간 컨트롤 (짧게 혹은 길게, 내 시간을 자유자재로 다루는 법) 장 폴 조그비 저 | 원광우 역 | 처음북스 | 2018.06.04.
- 언어의 뇌과학 (뇌는 어떻게 말을 만들어내는가) 사카이 구니요시 저 | 이현숙 외 1명 역 | 한국문화사 | 2012.09.02.
- 교육과 뇌과학 (교사를 위한 뇌기반 교수 설계 원리) Kathleen Scalise, Marie Felde 저 | 김정희 역 | 시그마프레스
- 뇌 과학의 함정 (인간에 관한 가장 위험한 착각에 대하여) 추천! 오늘의 책알바 노에 저 | 김미선 역 | 갤리온 | 2009.08.14.
- 성공하는 사람의 뇌 과학 구로카와 이호코 저 | 이민영 역 | 프리윌 | 2013.01.25.
- 뇌과학으로 풀어보는 감정의 비밀 (당신의 심리와 오감에 대한 궁금증이 풀린다) 마르코 라울란트 저 | 전옥례 역 | 동아일보사 | 2008.10.02.
- 스피노자의 뇌 (기쁨, 슬픔, 느낌의 뇌과학, 사이언스 클래식 9) 추천! 오늘의 책지서재 추천도서안토니오 다마지오 저 | 임지원 역 | 사이언스북스 | 2007.05.07.
- 나의 뇌는 나보다 잘났다 (인간관계가 불편한 사람을 위한 뇌 과학) 프란카 파리아넨 저 | 유영미 역 | 을유문화사 | 2018.09.15.
- 태아성장보고서 : KBS 특집 3부작 다큐멘터리 첨단보고 뇌과학, 10년의 기록 KBS 첨단보고 뇌과학 제작팀 저 | 마더북스 | 2013.01.03.